五年制高职专用教材

计算机类专业

Linux 服务器教程

■ 主 编 李 忠 朱林立
■ 副主编 王 飞 薛 飞 曹 康

中国教育出版传媒集团
高等教育出版社·北京

内容提要

本书是五年制高职专用教材，通过项目教学法，介绍 Linux 的基础、安装、基本配置及服务器配置。全书一共 10 个项目，从基础到进阶，深入浅出，并结合大量的实例演示，不仅能让读者了解和掌握 Linux 系统的日常使用，同时也能掌握 Linux 系统的服务器部署。

本书配套电子教案、教学课件、习题答案等辅教辅学资源，请登录高等教育出版社 Abook 新形态教材网（http://abook.hep.com.cn）获取相关资源。详细使用方法见本书最后一页"郑重声明"下方的"学习卡账号使用说明"。

本书可以作为五年制高职计算机类专业教材，也可以作为中等职业学校计算机类专业教材，还可供广大 Linux 爱好者自学或参考使用。

图书在版编目（CIP）数据

Linux 服务器教程／李忠，朱林立主编． -- 北京：高等教育出版社，2023.9

计算机类专业教材

ISBN 978-7-04-060595-2

Ⅰ.①L… Ⅱ.①李… ②朱… Ⅲ.①Linux 操作系统-中等专业学校-教材 Ⅳ.①TP316.89

中国国家版本馆 CIP 数据核字（2023）第 096560 号

Linux Fuwuqi Jiaocheng

策划编辑	赵美琪	责任编辑	赵美琪	封面设计	李卫青	版式设计	马 云
责任绘图	于 博	责任校对	高 歌	责任印制	田 甜		

出版发行	高等教育出版社	网 址	http://www.hep.edu.cn
社 址	北京市西城区德外大街 4 号		http://www.hep.com.cn
邮政编码	100120	网上订购	http://www.hepmall.com.cn
印 刷	人卫印务（北京）有限公司		http://www.hepmall.com
开 本	889 mm×1194 mm 1/16		http://www.hepmall.cn
印 张	16		
字 数	320 千字	版 次	2023 年 9 月第 1 版
购书热线	010-58581118	印 次	2023 年 9 月第 1 次印刷
咨询电话	400-810-0598	定 价	38.80 元

本书如有缺页、倒页、脱页等质量问题，请到所购图书销售部门联系调换

版权所有 侵权必究

物 料 号 60595-00

出版说明

五年制高等职业教育（简称五年制高职）是指以初中毕业生为招生对象，融中高职于一体，实施五年贯通培养的专科层次职业教育，是现代职业教育体系的重要组成部分。

江苏是最早探索五年制高职的省份之一，江苏联合职业技术学院作为江苏五年制高职教育的办学主体，经过20年的探索与实践，在培养大批高素质技术技能人才的同时，在五年制高职教学标准体系建设及教材开发等方面积累了丰富的经验。"十三五"期间，江苏联合职业技术学院组织开发了600多种五年制高职专用教材，覆盖16个专业大类，其中178种被认定为"十三五"职业教育国家规划教材。学院教材工作得到国家教材委员会办公室认可并以"江苏联合职业技术学院探索创新五年制高等职业教育教材建设"为题编发了《教材建设信息通报》（2021年第13期）。

"十四五"期间，江苏联合职业技术学院依据"十四五"教材建设规划进一步提升教材建设与管理的专业化、规范化和科学化水平。一方面与全国五年制高职发展联盟成员单位共建共享教学资源，另一方面与高等教育出版社、凤凰职业教育图书有限公司等多家出版社联合共建五年制高职教材研发基地，共同开发五年制高职专用教材。

本套"五年制高职专用教材"以习近平新时代中国特色社会主义思想为指导，落实立德树人根本任务，坚持正确的政治方向和价值导向，弘扬社会主义核心价值观。本套教材依据教育部《职业院校教材管理办法》和江苏省教育厅《江苏省职业院校教材管理实施细则》等要求，注重系统性、科学性和先进性，突出实践性和适用性，体现职业教育类型特色；遵循长学制贯通培养的教育教学规律，坚持一体化设计，契合学生知识获得、技能习得的累积效应，结构严谨，内容科学，体例编排得当，适应五年制高职学生生理成长、心理成长、思想成长跨度大的特征，针对性强，是为五年制高职量身打造的专用教材。

江苏联合职业技术学院
教材建设与管理工作领导小组
2022年9月

前言

在信息安全成为国家战略的大背景下，操作系统等基础软件的安全、自主、可控成为迫切需求。Linux 操作系统作为一种自主、可控的操作系统，对国家信息安全和自主创新至关重要。

本书充分考虑五年制高职学生的特点，尊重教学规律，逐步推进学生的知识积累和技能习得。同时，有机融入思政内容，引导学生关注国家信息化建设和信息安全。

本书共分 10 个项目，首先学习 Linux 的基础知识和基本命令，然后逐步学习 Linux 网络配置、Linux 服务器搭建等知识，从而更加深入地了解 Linux 系统。每个项目都采用由浅入深、循序渐进的方式进行讲解，并配有丰富的实例和案例分析，将职业岗位工作的实际需要与教学密切地结合起来，使学生在解决实际问题的过程中提高专业技能，享受成功，增强自信。各项目主要内容和建议课时参考下表。

项目名称	主要内容	建议课时
项目 1 Linux 基础配置	Linux 基础知识、VMware 虚拟机安装、Linux 系统安装	8
项目 2 Linux 常见命令使用	Linux 系统目录的结构，通过实例演示 Linux 系统基本命令的使用	10
项目 3 Linux 文件系统与磁盘管理	Linux 文件系统，包括文件的权限、文件的命令，并通过实例学习 Linux 的系统分区	8
项目 4 用户和组的管理	Linux 系统的账户系统，包括 Linux 用户、组的基本知识，账户的管理命令	6
项目 5 软件的安装与管理	Linux 软件的安装、升级和卸载	4
项目 6 Linux 网络配置与管理	Linux 网络配置和网络测试命令	4
项目 7 Web 网站部署	Web 服务的工作原理、Apache 服务的安装与配置、个人站点的配置及基于虚拟主机的站点配置	6
项目 8 FTP 服务器部署	FTP 服务的工作原理、vsftp 服务的安装与配置、本地用户隔离和虚拟用户的配置	6

续表

项目名称	主要内容	建议课时
项目9 DNS 服务器部署	DNS 服务工作的原理，域名系统的架构、Bind 服务的安装与配置、辅助区域和父子域的配置	6
项目10 Samba 服务器部署	Samba 服务的工作原理、Samba 服务的安装与配置、基于用户验证的 Samba 服务器配置	6
总计		64

本书配套电子教案、教学课件、习题答案等辅教辅学资源，请登录高等教育出版社 Abook 新形态教材网（http://abook.hep.com.cn）获取相关资源。详细使用方法见本书最后一页"郑重声明"下方的"学习卡账号使用说明"。

本书为集体劳动的结晶，主要由常州市刘国钧高等职业技术学校李忠、王飞、曹康，南京财经高等职业技术学校薛飞，江苏理工学院朱林立共同编写。在编写过程中，得到相关企业工程技术人员的指导和帮助，在此表示衷心感谢！

由于编者水平有限，书中难免有疏漏之处，恳请广大读者批评指正，以便我们修改和完善。读者意见反馈邮箱：zz_dzyj@pub.hep.cn。

编　者
2023 年 3 月

目 录

项目 1　Linux 基础配置　　　　　　　　　　　　　　　　　　　　　　　　　　//1

1.1　认识 Linux ………………………………………………………………………… 2
1.2　VMware 虚拟机软件的安装 ……………………………………………………… 7
1.3　在 VMware 虚拟机上安装与配置 Linux 系统 …………………………………… 13
项目测试 ………………………………………………………………………………… 38

项目 2　Linux 常见命令使用　　　　　　　　　　　　　　　　　　　　　　　　//41

2.1　Linux 目录结构 …………………………………………………………………… 42
2.2　Linux 系统终端 …………………………………………………………………… 44
2.3　文件管理命令 ……………………………………………………………………… 45
2.4　目录管理命令 ……………………………………………………………………… 58
2.5　系统管理命令 ……………………………………………………………………… 67
2.6　文本编辑器 ………………………………………………………………………… 72
项目测试 ………………………………………………………………………………… 79

项目 3　Linux 文件系统与磁盘管理　　　　　　　　　　　　　　　　　　　　//83

3.1　文件系统概述 ……………………………………………………………………… 84
3.2　磁盘管理 …………………………………………………………………………… 89
3.3　动态磁盘 …………………………………………………………………………… 102
3.4　逻辑卷管理器 ……………………………………………………………………… 107

项目测试 ……………………………………………………………………………… 114

项目 4　用户和组的管理　　//119

4.1　Linux 用户管理概述 …………………………………………………………… 120

4.2　Linux 用户管理命令 …………………………………………………………… 123

4.3　Linux 组管理命令 ……………………………………………………………… 130

4.4　ACL 访问控制权限 …………………………………………………………… 133

项目测试 ……………………………………………………………………………… 139

项目 5　软件的安装与管理　　//141

5.1　RPM 软件管理器 ……………………………………………………………… 142

5.2　YUM 软件管理器 ……………………………………………………………… 145

项目测试 ……………………………………………………………………………… 149

项目 6　Linux 网络配置与管理　　//151

6.1　Linux 网络配置概述 …………………………………………………………… 152

6.2　网络管理命令 …………………………………………………………………… 156

项目测试 ……………………………………………………………………………… 163

项目 7　Web 网站部署　　//165

7.1　Web 服务概述 ………………………………………………………………… 166

7.2　Apache 服务的安装与配置 …………………………………………………… 167

7.3　个人 Web 站点配置 …………………………………………………………… 172

7.4　基于 IP 地址的虚拟主机配置 ………………………………………………… 174

7.5　基于端口的虚拟主机配置 ……………………………………………………… 177

7.6　基于域名的虚拟主机配置 ……………………………………………………… 179

项目测试 ……………………………………………………………………………… 182

项目 8　FTP 服务器部署　　　　　　　　　　　　　　　　　　　　　　//185

  8.1　FTP 服务概述 ………………………………………………………… 186

  8.2　vsftp 服务的安装与配置 ……………………………………………… 187

  8.3　本地用户隔离 ………………………………………………………… 196

  8.4　虚拟用户 ……………………………………………………………… 199

  项目测试 …………………………………………………………………… 203

项目 9　DNS 服务器部署　　　　　　　　　　　　　　　　　　　　　　//205

  9.1　DNS 服务概述 ………………………………………………………… 206

  9.2　Bind 服务的安装与配置 ……………………………………………… 208

  9.3　辅助 DNS 服务器 ……………………………………………………… 215

  9.4　子域 DNS 服务器 ……………………………………………………… 218

  9.5　DNS 转发器 …………………………………………………………… 221

  项目测试 …………………………………………………………………… 223

项目 10　Samba 服务器部署　　　　　　　　　　　　　　　　　　　　//227

  10.1　SMB 服务概述 ……………………………………………………… 228

  10.2　Samba 服务的安装与配置 ………………………………………… 228

  10.3　Samba 共享服务身份验证 ………………………………………… 234

  项目测试 …………………………………………………………………… 241

项目 1　Linux基础配置

> Linux 是一种开源的操作系统。当前，Linux 系统在各个领域都有广泛应用，尤其是在服务器领域，Linux 系统的使用占了很大的比重。通过本项目的学习，可以初步了解 Linux 系统，学会使用虚拟机软件安装 Linux 系统进行实验。

从本项目可以学习到：

- ◆ Linux 系统的历史。
- ◆ Linux 系统的发行版。
- ◆ Linux 系统的组成。
- ◆ VMware 虚拟机软件的安装。
- ◆ 使用 VMware 虚拟机软件安装 Linux 系统。

1.1　认识 Linux

本节学习 Linux 系统的历史、Linux 系统的特点、Linux 系统的发行版及 Linux 系统的结构。

1.1.1　Linux 系统的历史

Linux 系统是一种类似 UNIX 的操作系统。UNIX 操作系统是 1969 年美国贝尔实验室开发的，Linux 系统是 UNIX 操作系统在微型计算机上的完整实现，它的标志是一个名为 Tux 的可爱小企鹅，如图 1.1.1 所示。

1990 年，芬兰人 Linus Torvalds 开始着手研究编写一个开放的、与 Minix（UNIX 的变种）系统兼容的操作系统。1991 年 10 月 5 日，Linus Torvalds 公布了 Linux 的第一个内核版本 0.02 版。1992 年 3 月，推出了内核 1.0 版本，这标志着 Linux 第一个正式版本的诞生。

Linux 操作系统具有安全、稳定、开源等优势，主要涉及桌面应用、嵌入式应用和服务器应用，尤其是在服务器应用领域中，Linux 系统占比很高。

图 1.1.1

1.1.2　Linux 系统的特点

1. Linux 版权说明

Linux 是基于 Copyleft（无版权）的软件模式进行发布的，Copyleft 是 GNU 项目制定的通用公共许可证（general public license，GPL）。

GPL 是由自由软件基金会发行的，用于计算机软件的协议证书。使用该证书的软件被称为自由软件，后来改名为开放源代码软件（open source software）。Linux 是一个免费、自由、开放的操作系统。任何人都有使用、复制和修改 Linux 系统的权利，不必担心成为"盗版"用户。

Linux 继承了 UNIX 的核心设计思想，具有执行效率高、安全性高和稳定性好的特点，支持多种硬件平台，而且具有友好的用户界面，强大的网络功能，支持多任务、多用户。

2. Linux 系统参数介绍

下面从 6 个方面介绍 Linux 系统的参数。

（1）支持多种文件系统：FT16、FAT32、NTFS、Ext2、Ext3、HPFS、UFS、ISO。

（2）内存管理模式：空闲内存可作为缓冲区（buffer），加快程序运行。

（3）强大的网络功能：Linux 内置了很丰富的免费网络服务器软件、数据库和网页开发工具，如 Apache、Sendmail、vsftp、Squid 等。近年来，越来越多的企业看到了 Linux 这些强大的功能，使用 Linux 作为全方位的网络服务器。

（4）良好的用户界面：Linux 向用户提供了以下两种界面。

① Shell：Linux 的传统用户界面是基于文本的命令行界面，即 Shell，如图 1.1.2 所示。Shell 是一个命令解释器，它将用户输入的命令进行解释，并且把它们送到内核。不仅如此，Shell 还有自己的编程语言，实现对命令的编辑，它允许用户编写由 Shell 命令组成的程序。Shell 编程语言也具有一般编程语言的很多特点，如循环结构和分支控制结构等。用这种编程语言编写的 Shell 程序与其他软件具有同样的效果。

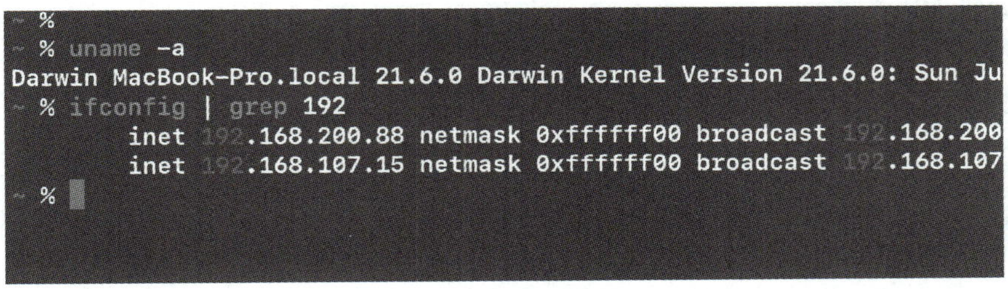

图 1.1.2

② 图形用户界面：Linux 也提供了图形化界面，如图 1.1.3 所示。它利用鼠标、菜单、窗口、滚动条等，给用户呈现一个直观、易操作、交互性强、友好的图形化界面。

（5）可靠的系统安全：Linux 采用了许多安全技术措施，包括对读写进行控制、带保护的子系统、审计跟踪、核心授权等，这为网络多用户环境中的用户提供了强有力的安全保障。

（6）良好的可移植性：可移植性是指将它从一个平台转移到另一个平台，它仍能够按照自身方式运行。Linux 是一种可移植的操作系统，能够在从微型计算机到大型计算机的任何环境下运行。

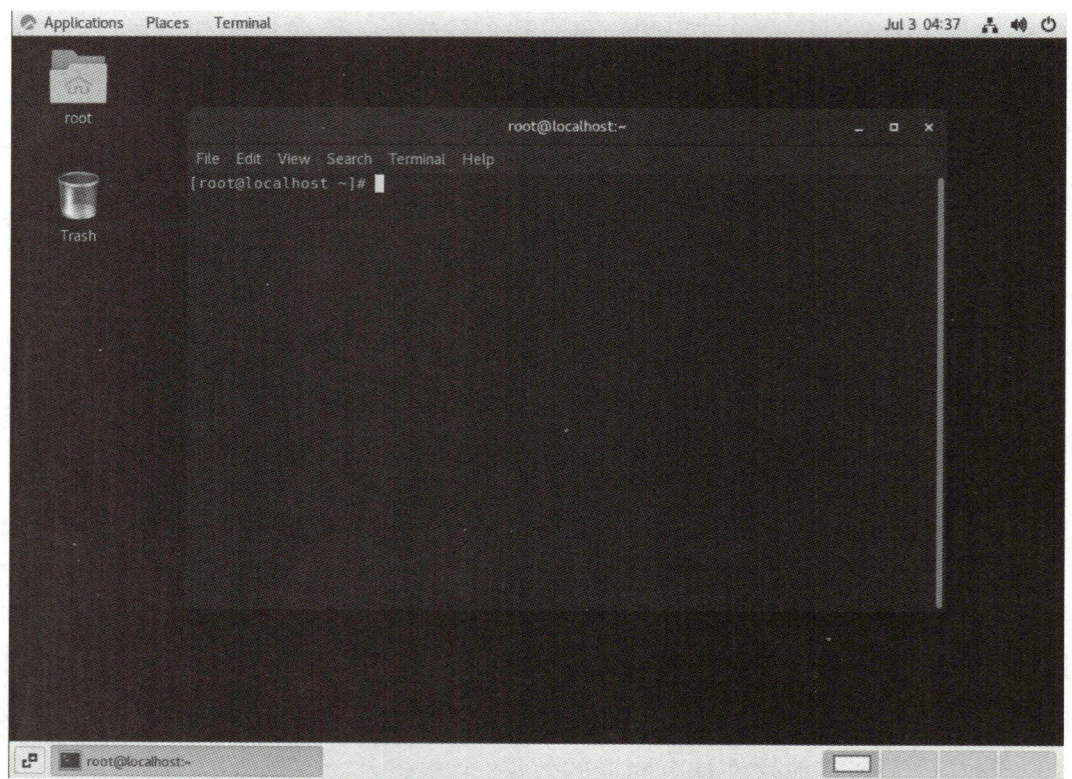

图 1.1.3

1.1.3 Linux 发展趋势

1. Linux 发行版介绍

完整的 Linux 操作系统不是由单个组织开发的，而是由一系列处理各个软件组件的独立开源开发社区开发的。发行版让用户能够轻松安装和管理正常运行的 Linux 系统。Linux 发行版是一种可安装的操作系统，由 Linux 内核及提供支持的用户程序和库构建而成。内核是操作系统的核心组件，它管理硬件、内存及运行中程序的调度。这种 Linux 内核又可通过其他开源软件加以补充，如来自 GNU 项目的实用工具和程序，来自 MT 的 X Window System 的图形界面，以及 Sendmail 邮件服务器或 Apache HTTP Web 服务器等诸多其他开源组件，以构建一个完整、开源的类 UNIX 操作系统。然而，Linux 用户面临的挑战之一是从许多不同的来源组装所有部分。在其发展的极早阶段，Linux 开发人员致力于提供经过预构建和测试后的工具的发行版，以供用户下载并快速设置 Linux 系统。虽然有许多不同的 Linux 发行版，其目标各不相同，用于选择和支持其发行版提供的软件标准也不同，但是，发行版通常具有以下很多共同的特征。

（1）发行版由 Linux 内核和提供支持的用户空间程序组成。

（2）发行版可以较小并且用途单一，也可包含数以千计的开源程序。

（3）发行版必须提供安装和更新发行版及其组件的途径。

（4）Linux 内核+各种开源软件=完整的操作系统。

（5）Linux 发行版的名称、版本由发行厂商决定。

下面介绍一些常见的 Linux 发行版。

① Red Hat Enterprise Linux：由 RedHat 公司发布，其图标如图 1.1.4 所示。RedHat Linux 是 RedHat 最早发行的个人版本 Linux，其 1.0 版本于 1994 年发行。目前 RedHat 分为两个系列，包括由 RedHat 公司提供技术支持和更新的收费版 RedHat Enterprise Linux 和社区开发的免费版 Fedora Core。

图 1.1.4

② Suse Linux：由 Novell 公司发布，其图标如图 1.1.5 所示。该系统具有良好的可靠性和稳定性，是企业级应用的首选，在全世界范围内享有很高的声誉。

③ Debian Linux：由 Debian 社区发布，其图标如图 1.1.6 所示。Debian 是一个由个人组成的组织，所有人拥有一个共同目标，即创建一个自由的操作系统，让所有人都能够自由获取。Debian 是一款完全自由的操作系统，采用 Linux 内核或 FreeBSD 内核，可以帮助用户完成从文档编辑、电子商务，到游戏娱乐、软件开发等多项任务。

图 1.1.5　　　　　　　　　　　图 1.1.6

2. 行业应用逐渐扩展，差异化解决方案需求增长

Linux 行业应用市场逐步细化，在金融、电信、邮政、传媒等行业的应用也不断增多。随着成功应用案例的不断增加，企业级用户在 Linux 平台上部署解决方案时，对系统稳定性、可靠性、高性能和安全性等方面的疑虑也逐步打消，树立了信心。商用市场需要成熟的、基于 Linux 的针对行业的应用解决方案。因此，解决方案提供商在 Linux 应用开发过程中能够从厂商获得足够的技术支持，并在满足用户需求基础之上，提供安全性更高、高效

性更强、可移植性更好，以及成本更低的解决方案是趋势所在。

1.1.4 Linux 系统的组成

1. Linux 系统的基本构成

Linux 系统一般由 4 个主要部分构成：内核、系统调用、Shell 和应用程序。内核、系统调用和 Shell 一起形成了基本的操作系统结构，它们使得用户可以运行程序，管理文件并使用系统。Linux 的部分层次结构如图 1.1.7 所示。

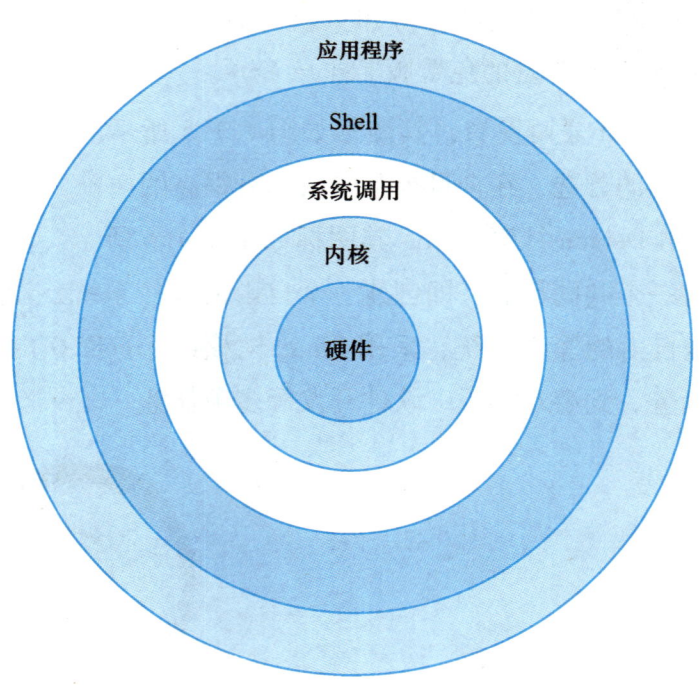

图 1.1.7

2. Linux 系统内核

内核是操作系统的核心，具有很多最基本的功能，如虚拟内存、多任务、共享库、需求加载、可执行程序和 TCP/IP 网络功能等。

Linux 系统内核的模块分为以下几个部分：内存管理、CPU 和进程管理、文件系统、设备管理和驱动、网络通信、系统的初始化和系统调用等。

3. Linux 中的 Shell

Shell 是系统的用户界面，提供了一种用户与内核进行交互操作的接口。它是一个命令解释器，接收用户输入的命令并把它送入内核去执行。

4. Linux 的应用程序

标准的 Linux 系统一般都有一套称为应用程序的程序集，它包括文本编辑器、编程语言、

X Window、办公套件、Internet 工具和数据库等。

1.2 VMware 虚拟机软件的安装

真实的计算机被称为物理机,虚拟出来的计算机称为虚拟机(virtual machine)。常见的虚拟机软件有 VMware 和 VirturalBox。虚拟机软件可以在物理机上安装若干台虚拟机,每台虚拟机都有自己独立的硬件和软件资源。虚拟机可以安装 Windows 系统,也可以安装 Linux 的各个发行版,各个系统之间可以同时运行而互不干扰,即使单个系统崩溃也不会影响其他系统。

本节先介绍一些基本的 Linux 操作系统知识,再介绍如何安装 VMware 虚拟机软件。

1.2.1 安装前准备

1. 安装方式

Linux 系统支持多种安装方式。

(1) CD-ROM/DVD 启动安装。

(2) 从硬盘安装。

(3) 从 NFS 服务器安装。

(4) 从 FTP/HTTP 服务器安装。

(5) 从 U 盘启动安装。

2. 硬件设备命名规则

Linux 系统中的一切显示方式都是文件,硬件设备也是用文件的方式显示的。文件名称和硬件名称的关联见表 1.2.1。

表 1.2.1 硬件设备命名规则

硬 件 设 备	文 件 名 称
IDE 设备	/dev/hd[a-d]
SCSI/SATA/U 盘	/dev/sd[a-p]
打印机	/dev/lp[0-15]
光驱	/dev/cdrom
鼠标	/dev/mouse

3. 硬盘分区结构

Linux 中用 a~p 来代表 16 块不同的硬盘，默认是从 a 开始。主分区或者扩展分区的编号从 1 开始到 4 结束，逻辑分区从 5 开始编号。图 1.2.1 展示了一个基本分区布局。

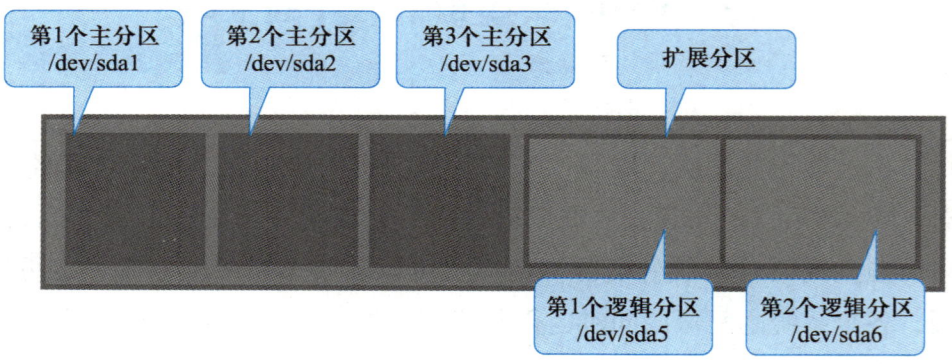

图 1.2.1

/dev/ 目录中保存的硬件设备文件 sd 表示是存储设备，a 表示系统中同类接口中第一个被识别到的，设备 5 表示这个设备是一个逻辑分区。"/dev/sda5"即"这是系统中第一块被识别到的硬件设备中分区编号为 5 的逻辑分区的设备文件"，如图 1.2.2 所示。

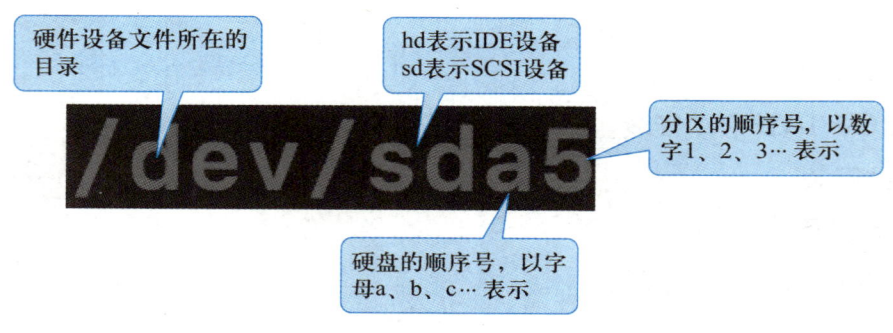

图 1.2.2

4. Linux 简单分区规划

（1）Linux 系统至少要有两个分区。

① 根分区（/）：一切从根开始，根据 Linux 系统安装后占用资源的大小和所需要保存数据的多少来调整大小（一般情况下，根分区 15~20 GB 就足够了）。

② 交换分区（swap）：用于实现虚拟内存，一般划分物理内存的 1~2 倍。

（2）其他可创建分区。

① /boot 分区：用于保存系统启动时所需要的文件，所占空间为 200~300 MB。

② /usr 分区：操作系统基本都在这个分区中。

③ /home 分区：所有的用户信息都在这个分区中。

④ /var 分区：服务器的登录文件、邮件、Web 服务器的数据文件都会放在这个分区中。

1.2.2 安装 VMware 虚拟机软件

本例安装的 VMware 虚拟机软件版本为 VMware Workstation 16，安装 VMware 虚拟机软件的具体步骤如下。

（1）双击安装程序，打开安装向导，单击"下一步"按钮，如图 1.2.3 所示。

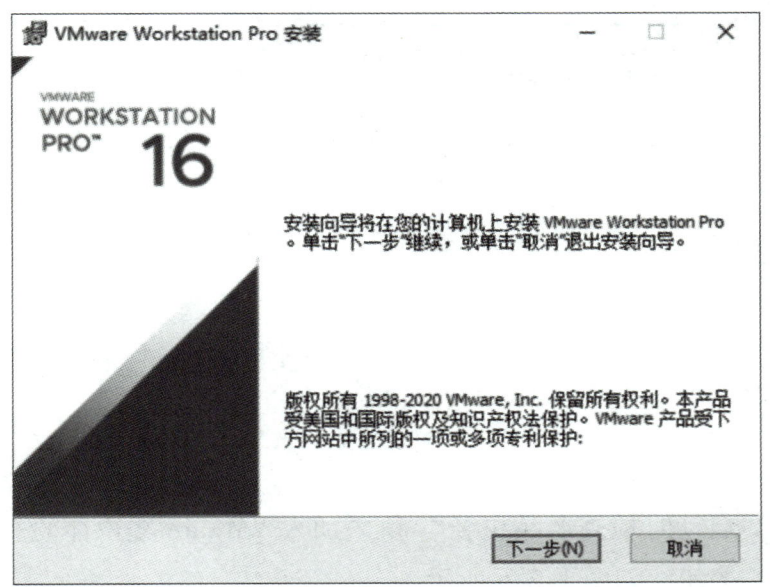

图 1.2.3

（2）选中"我接受许可协议中的条款"复选框，然后单击"下一步"按钮，如图 1.2.4 所示。

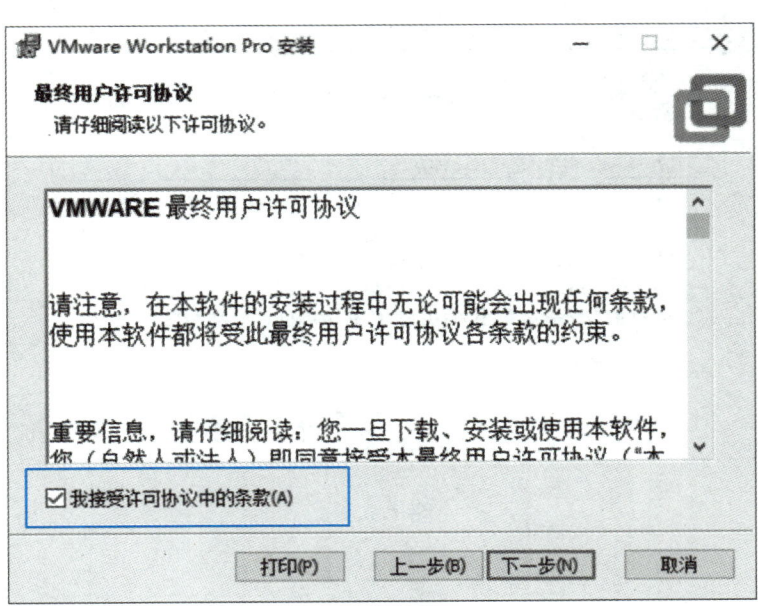

图 1.2.4

（3）选择软件安装路径，默认安装在 C 盘中，这里使用默认位置安装，直接单击"下一步"按钮，如图 1.2.5 所示。

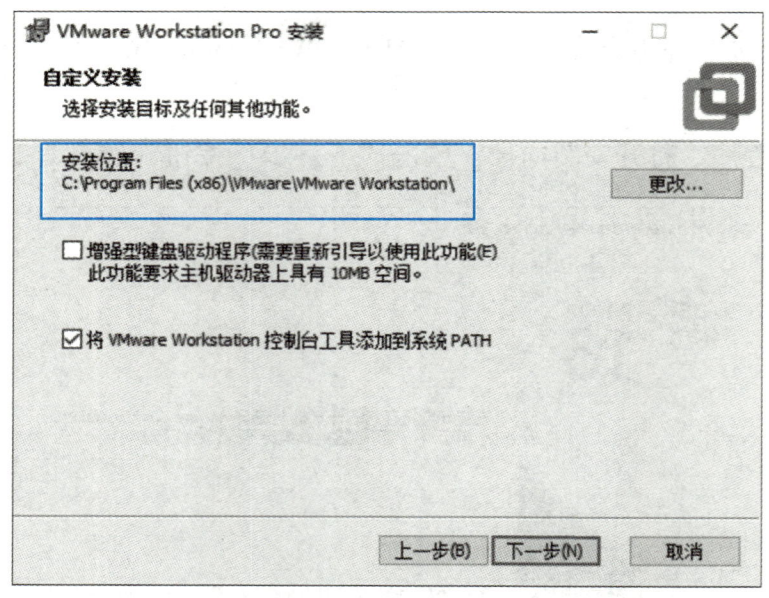

图 1.2.5

（4）取消选中"启动时检查产品更新"和"加入 VMware 客户体验提升计划"复选框，然后单击"下一步"按钮，如图 1.2.6 所示。

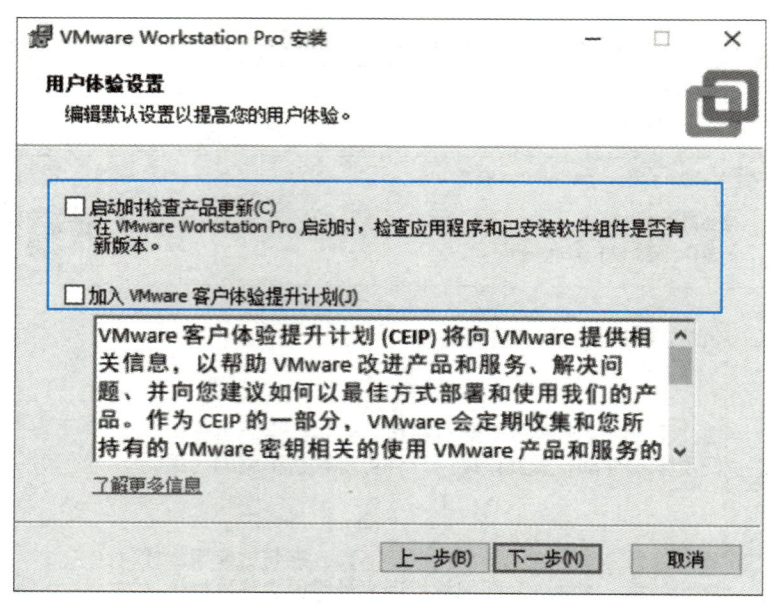

图 1.2.6

(5)单击"下一步"按钮,如图 1.2.7 所示。

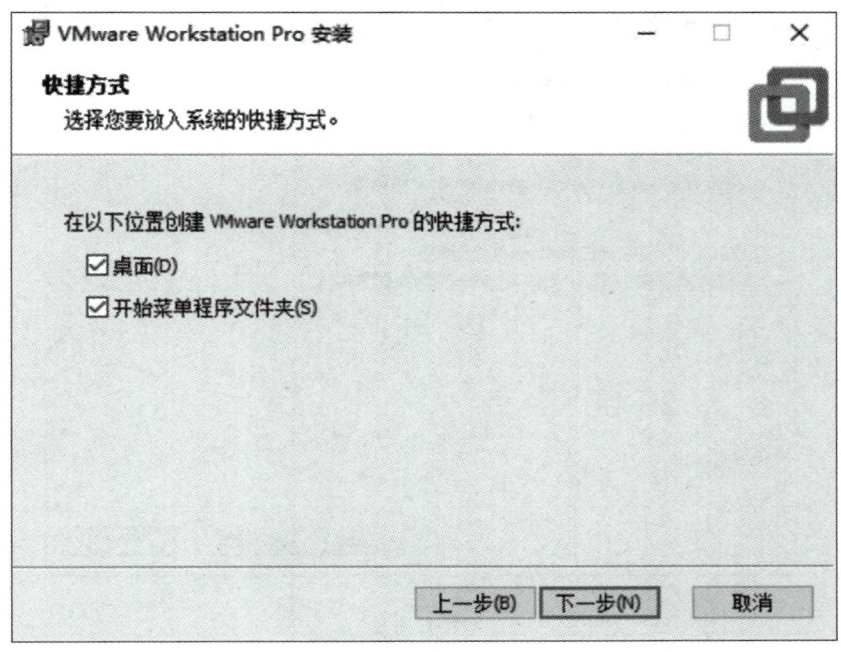

图 1.2.7

(6)单击"安装"按钮,如图 1.2.8 所示。

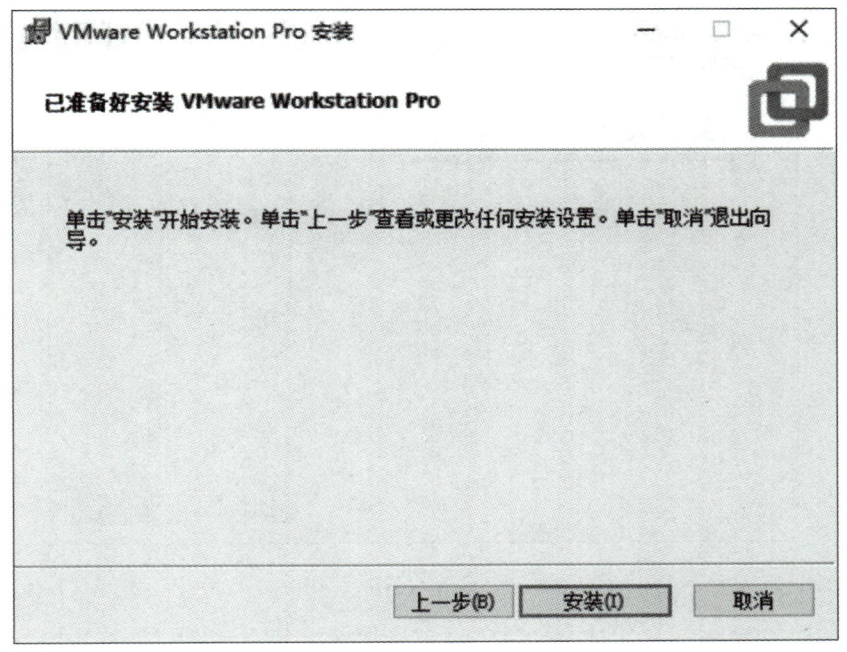

图 1.2.8

（7）进入自动安装界面，如图1.2.9所示。

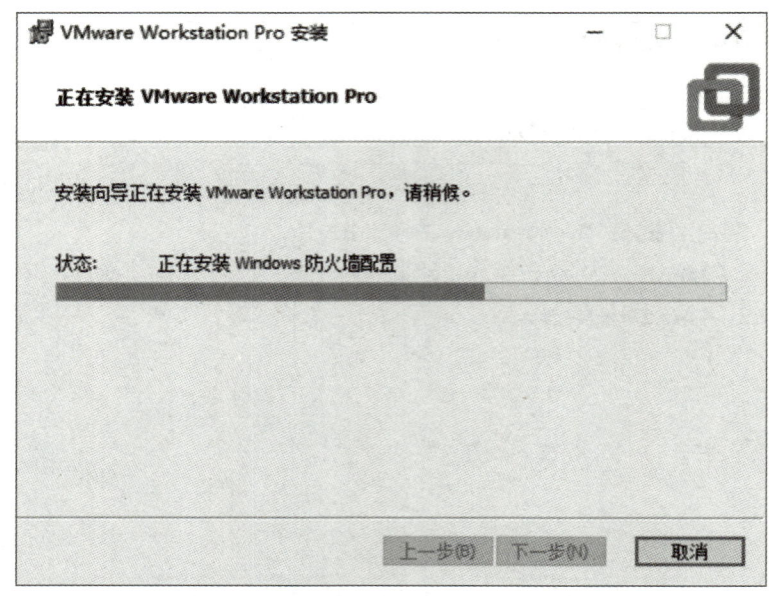

图 1.2.9

（8）安装完成后，单击"许可证"按钮，输入相应许可证后单击"输入"按钮，如图1.2.10所示。

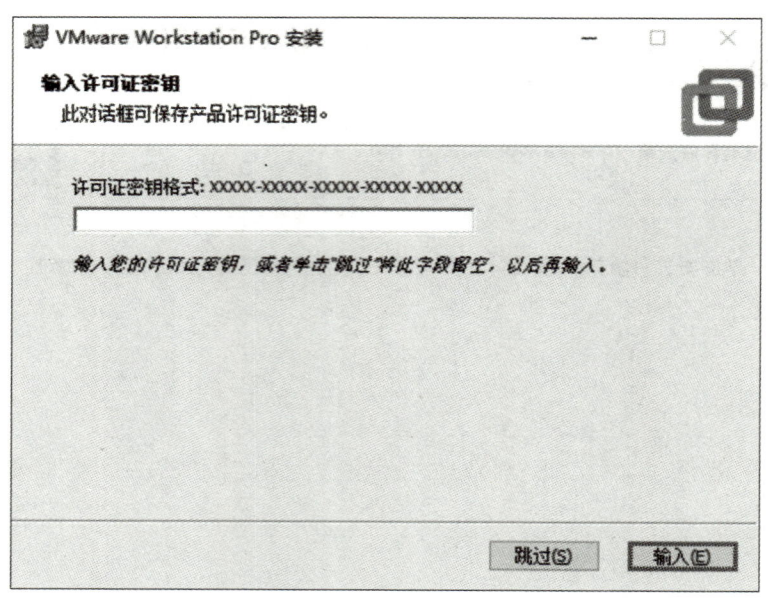

图 1.2.10

（9）单击"完成"按钮即可完成虚拟机软件的安装，如图1.2.11所示。

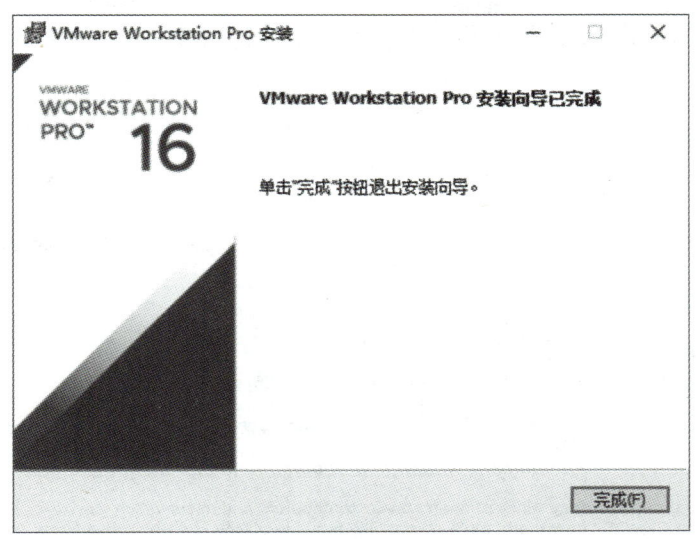

图 1.2.11

1.3 在 VMware 虚拟机上安装与配置 Linux 系统

对于初学者来说，在虚拟机上安装和配置 Linux 系统进行学习和研究是比较好的方式。本节将介绍如何在 VMware 虚拟机软件上安装 CentOS 8.3 发行版的 Linux 系统。

1.3.1 Linux 镜像说明

下面使用 VMware 虚拟机安装 Linux 系统，采用光盘镜像的安装方式，安装的 Linux 版本为 CentOS-8.3.2011-x86_64。

不同 Linux 系统发行版可以通过的 Linux 发行版排名网站 Distrowatch 进行下载，如图 1.3.1 所示。Distrowatch 可以查看各个 Linux 发行版的排名，并且该网站还提供了各个 Linux 发行版的

Last 12 months			Last 6 months		
1	MX Linux	3228▼	1	MX Linux	2877▼
2	EndeavourOS	3001▼	2	EndeavourOS	2638▼
3	Mint	2127▼	3	Mint	2204▼
4	Manjaro	1957▼	4	Manjaro	1679▼
5	Pop!_OS	1434▼	5	Pop!_OS	1361▼
6	Ubuntu	1334▼	6	Ubuntu	1317▼
7	Debian	1191=	7	Fedora	1175▲
8	Garuda	1135▼	8	Debian	1067▼
9	Fedora	1083▲	9	Garuda	998▼
10	Zorin	899▼	10	openSUSE	826=
11	elementary	885▼	11	Zorin	825▼
12	openSUSE	786=	12	Lite	720▼

图 1.3.1

官网链接，可以直接单击进入想要下载的发行版官网进行下载。图 1.3.2 展示了 CentOS 发行版的详细信息。

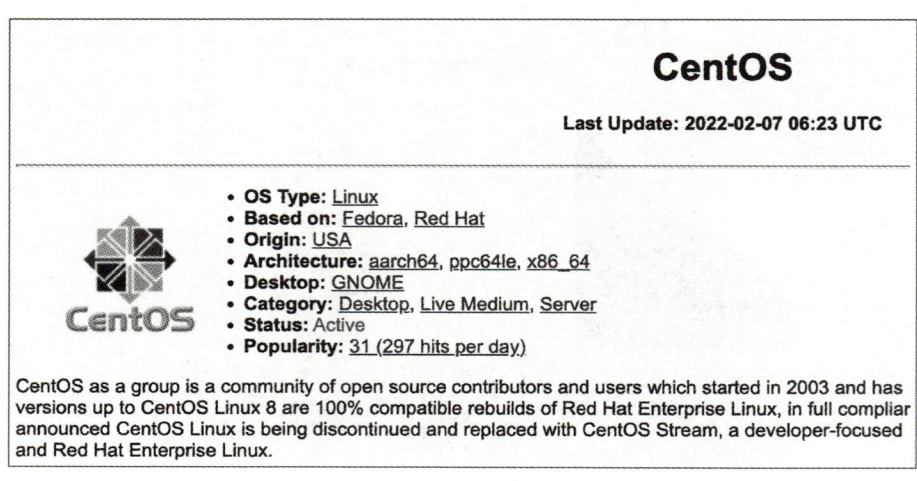

图 1.3.2

1.3.2 创建 Linux 虚拟机

创建 Linux 虚拟机的具体步骤如下。

（1）打开 VMware 虚拟机软件，单击"创建新的虚拟机"选项，并在弹出的"新建虚拟机向导"界面中选中"自定义（高级）"单选按钮，然后单击"下一步"按钮，如图 1.3.3 所示。

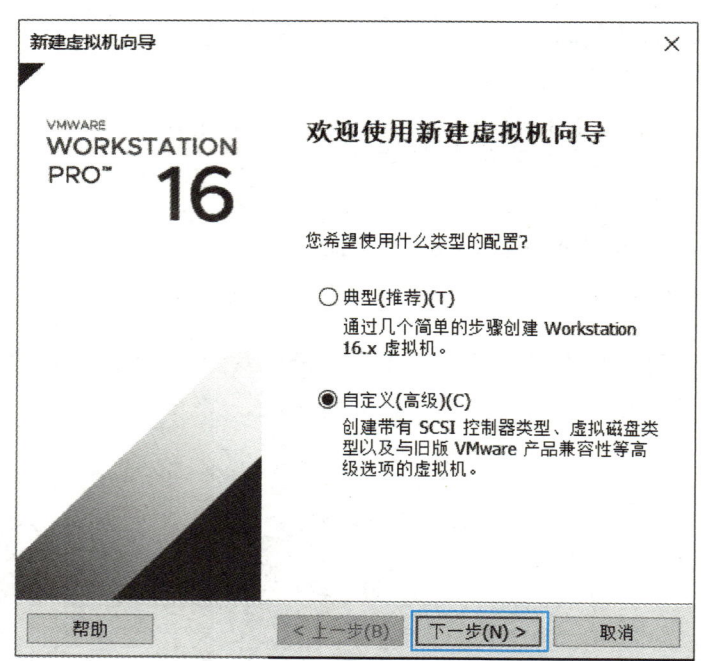

图 1.3.3

（2）直接使用默认兼容性，选择"下一步"按钮，如图 1.3.4 所示。

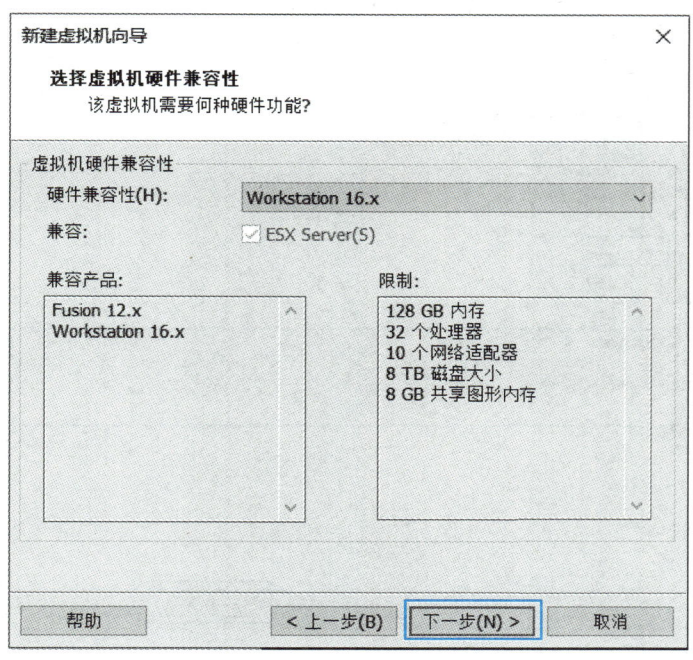

图 1.3.4

（3）选中"稍后安装操作系统"单选按钮，然后单击"下一步"按钮，如图 1.3.5 所示。

图 1.3.5

（4）在这个界面中，将客户机操作系统的类型选择为"Linux"，版本为"CentOS 8 64位"，然后单击"下一步"按钮，如图1.3.6所示。

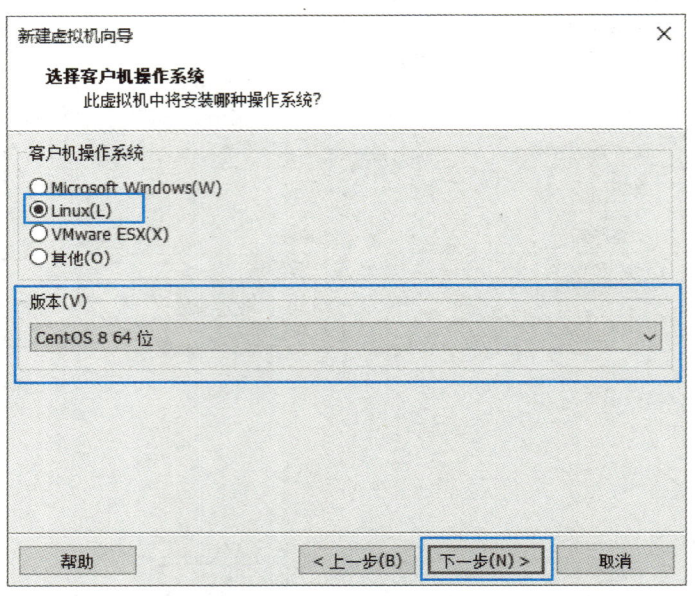

图1.3.6

（5）自定义虚拟机名称，并在选择安装位置之后单击"下一步"按钮，如图1.3.7所示。

图1.3.7

1.3 在 VMware 虚拟机上安装与配置 Linux 系统

（6）选择处理器数量和处理器内核数量，这里选择默认设置，直接单击"下一步"按钮，如图 1.3.8 所示。

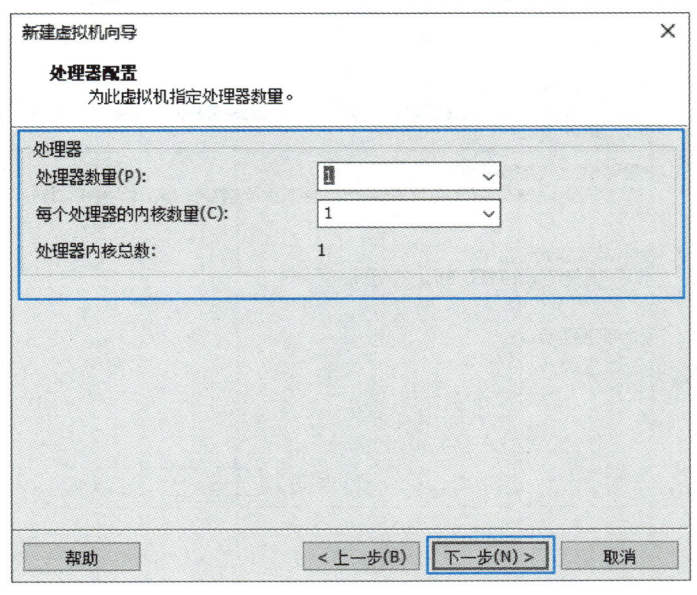

图 1.3.8

（7）在这个界面中，建议将虚拟机系统内存的可用量设置为 2048 MB，最低不应低于 1024 MB，如图 1.3.9 所示。

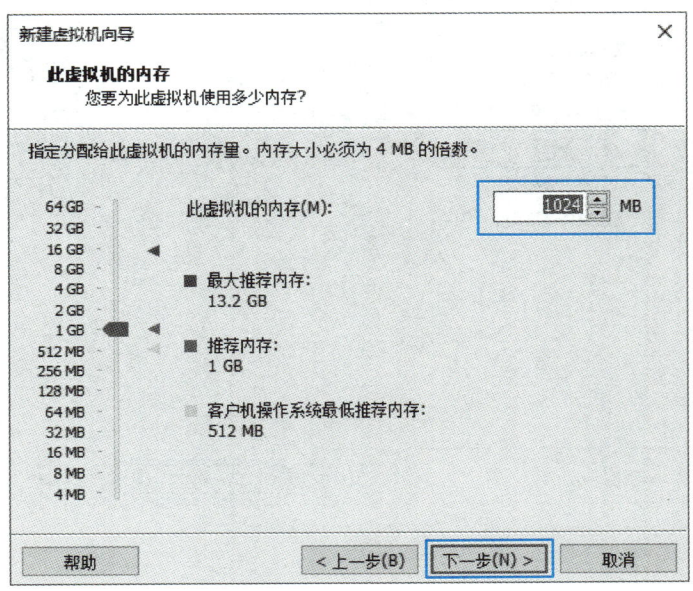

图 1.3.9

（8）将虚拟机系统的网络连接设置为"使用桥接网络"，让虚拟机可以与宿主机相互通信，然后单击"下一步"按钮，如图 1.3.10 所示。

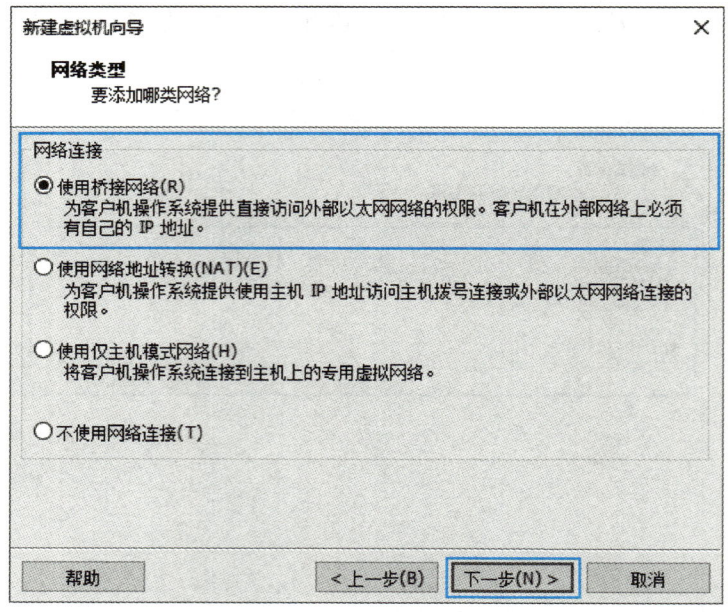

图 1.3.10

（9）输入和输出设备控制器使用默认配置，单击"下一步"按钮，如图 1.3.11 所示。

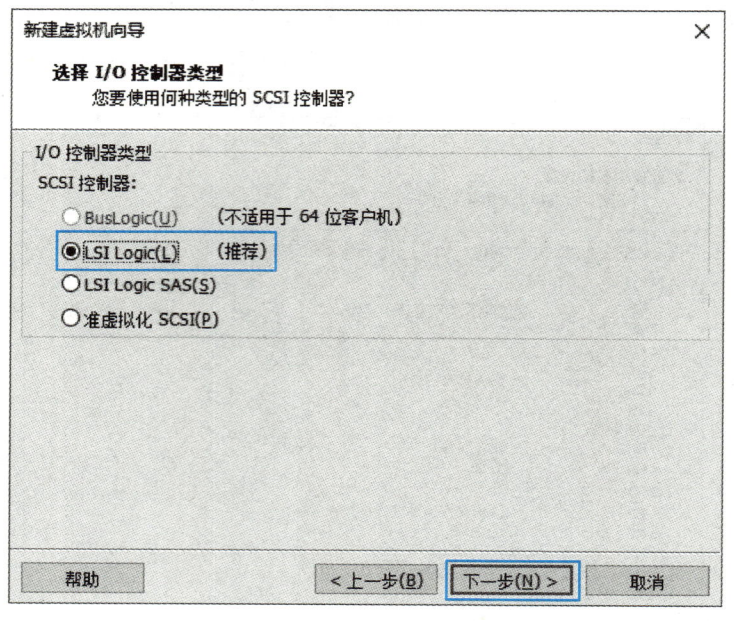

图 1.3.11

（10）硬盘接口类型也使用默认的 SCSI（S），单击"下一步"按钮，如图 1.3.12 所示。

1.3 在 VMware 虚拟机上安装与配置 Linux 系统

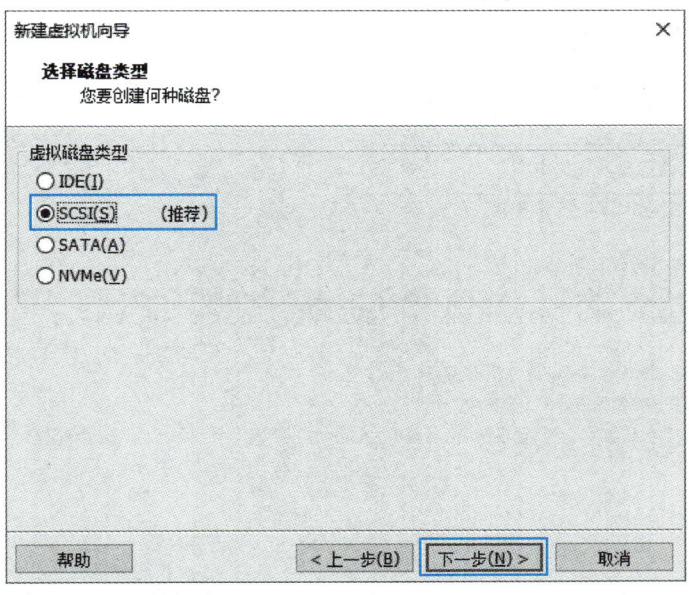

图 1.3.12

（11）选中"创建新虚拟磁盘"单选按钮，然后单击"下一步"按钮，如图 1.3.13 所示。

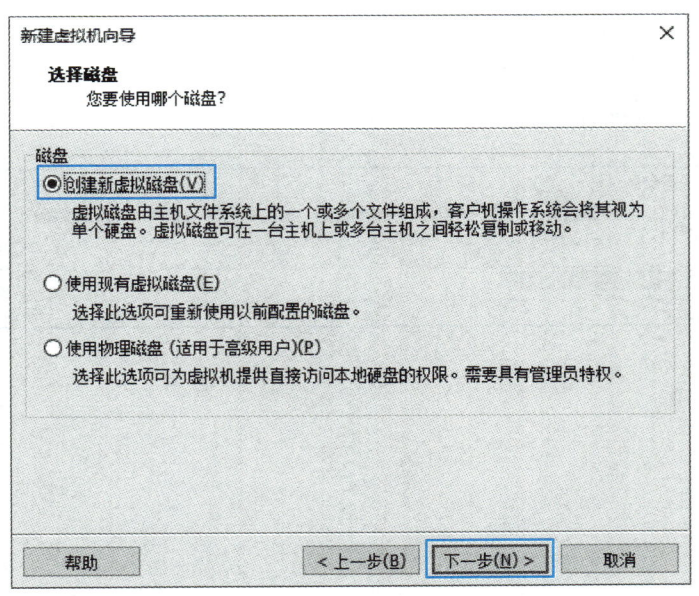

图 1.3.13

（12）将"最大磁盘大小"设置为 50.0 GB（默认即可），然后单击"下一步"按钮，如图 1.3.14 所示。

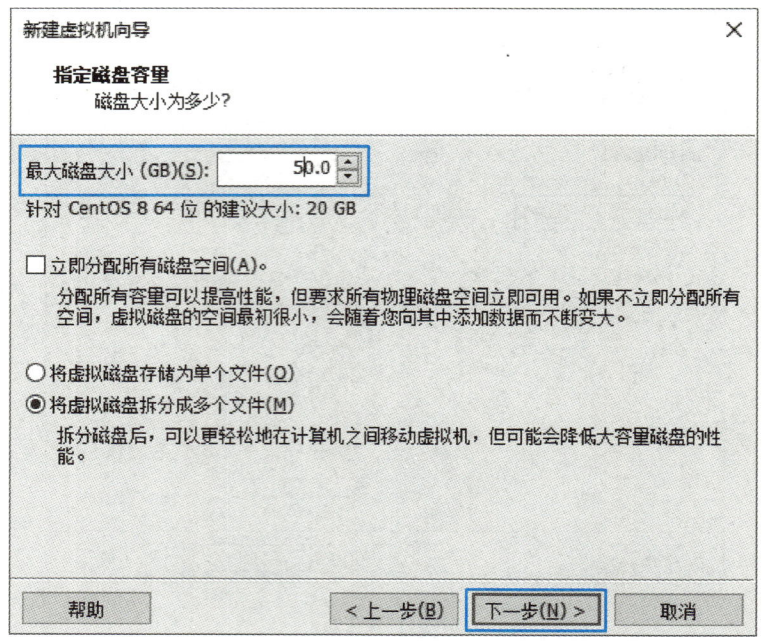

图 1.3.14

(13) 硬盘文件命名使用默认名称,单击"下一步"按钮,如图 1.3.15 所示。

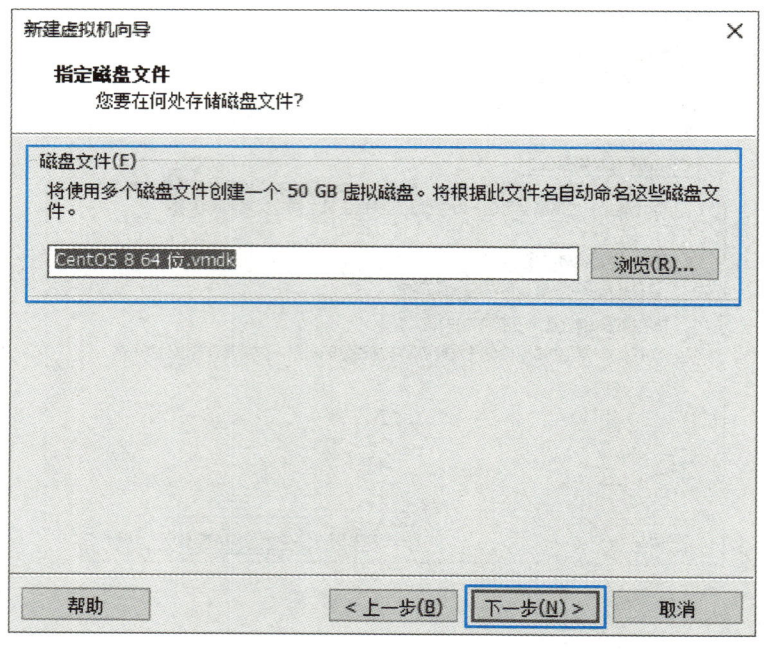

图 1.3.15

(14) 单击"完成"按钮,虚拟机创建完成,如图 1.3.16 所示。

(15) 创建好的虚拟机如图 1.3.17 所示。

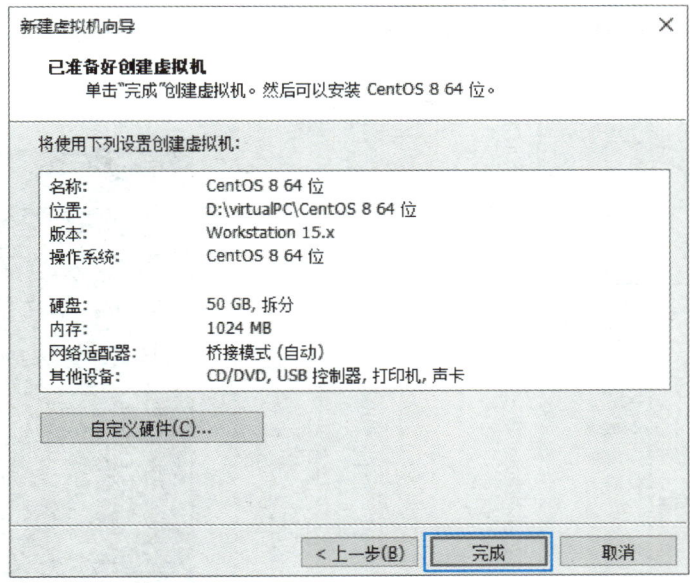

图 1. 3. 16

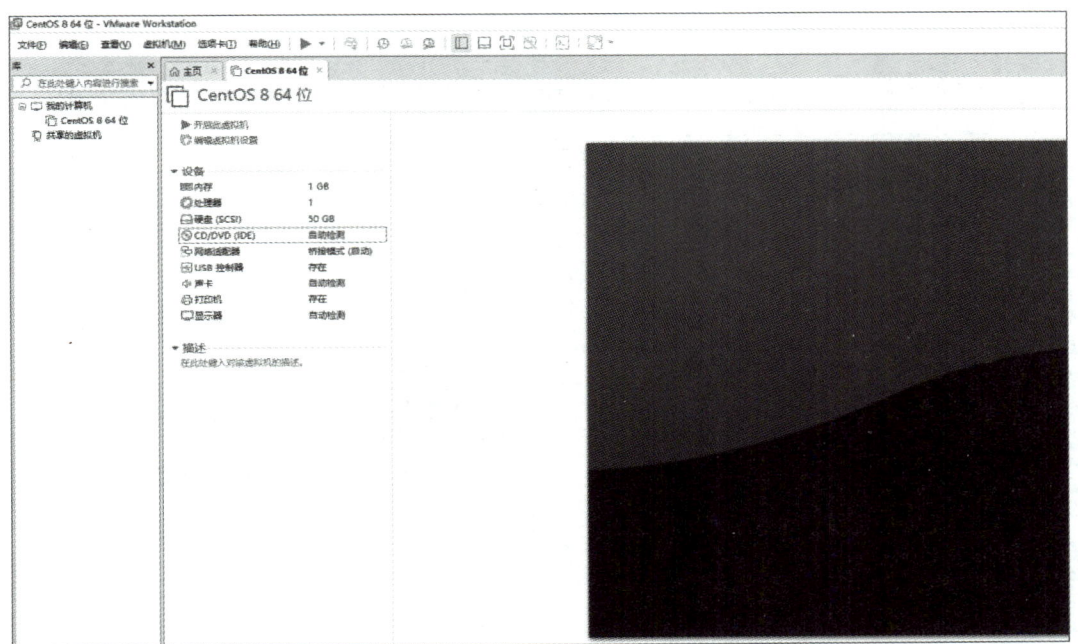

图 1. 3. 17

1.3.3 安装 CentOS 系统

安装 CentOS 系统的具体步骤如下。

（1）双击"光驱"按钮，如图 1.3.18 所示。

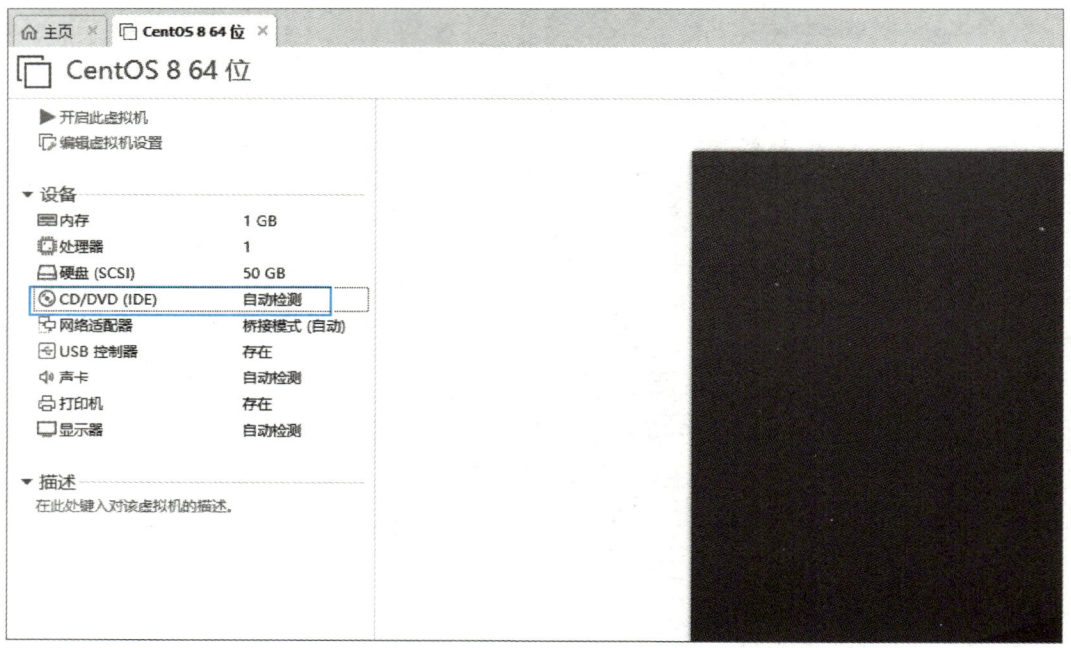

图 1.3.18

(2) 选中"使用 ISO 映像文件"单选按钮,单击"浏览"按钮,如图 1.3.19 所示。

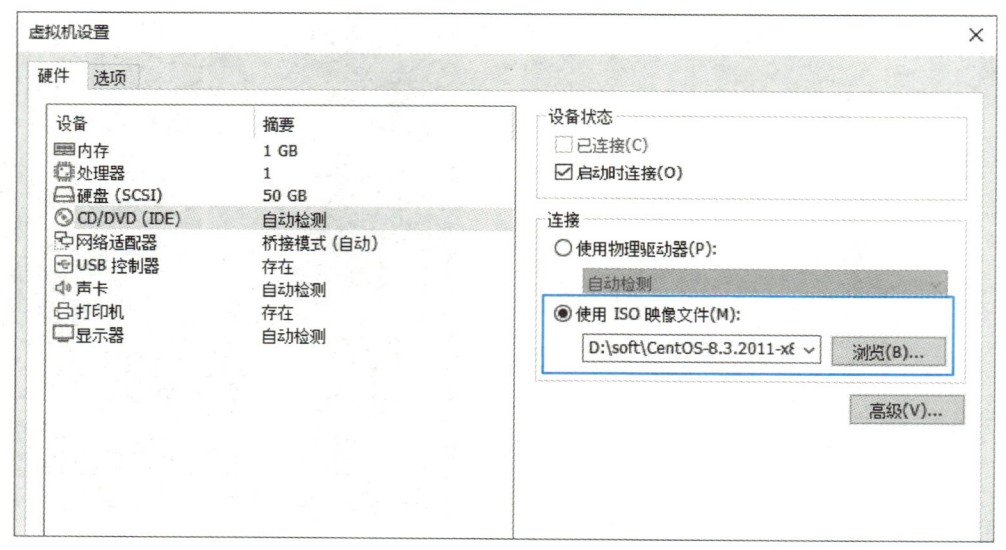

图 1.3.19

(3) 选择 CentOS 8.3 的镜像文件,单击"打开"按钮,将 Linux 镜像文件插入光驱,如图 1.3.20 所示。

(4) 在虚拟机管理界面中单击"开启此虚拟机"按钮数秒后就看到 CentOS 8.3 系统安装界面。在界面中会出现 3 个选项。"Test this media & install CentOS Linux8"和"Troubleshooting"的作用分别是校验光盘完整性后再安装及启动救援模式。此时通过键盘的方向键选择"Install CentOS Linux 8"选项来直接安装系统,如图 1.3.21 所示。

1.3 在 VMware 虚拟机上安装与配置 Linux 系统

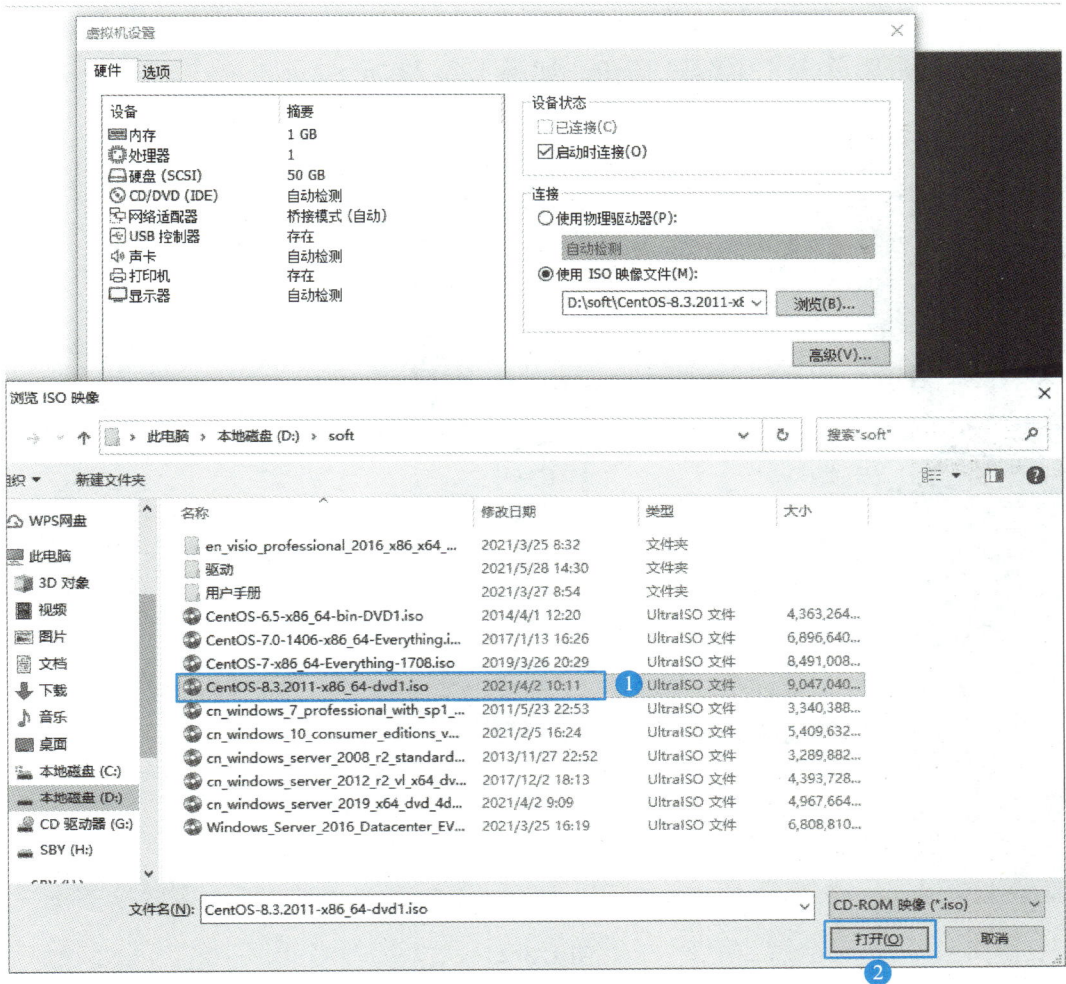

图 1.3.20

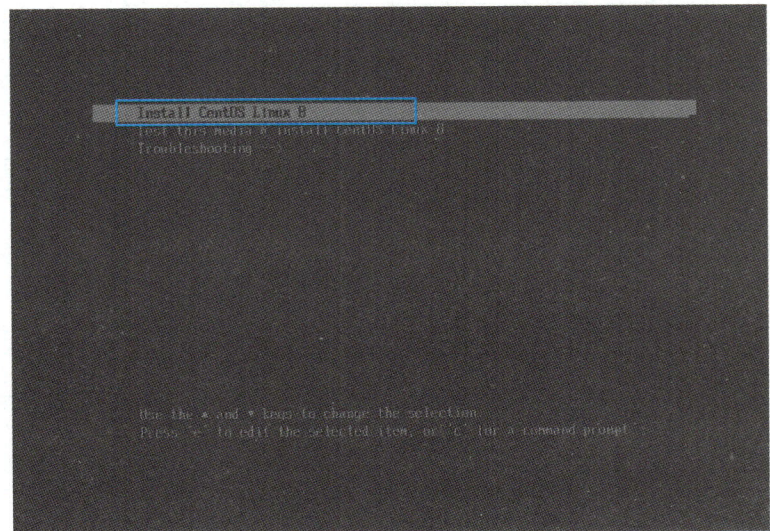

图 1.3.21

（5）按 Enter 键后开始加载安装镜像，所需时间在 30~60 s，加载完成后，选择系统的安装语言（简体中文）后单击"继续"按钮，如图 1.3.22 所示。

图 1.3.22

（6）在安装界面中选择软件。CentOS 系统的软件定制界面可以根据用户的需求来调整系统的基本环境，例如，把 Linux 系统作为基础服务器、文件服务器、Web 服务器或工作站等。本次只做最基本的系统安装，在界面中选中"带 GUI 的服务器"单选按钮，安装带有桌面环境的 Linux 系统，然后单击左上角的"完成"按钮即可，如图 1.3.23 所示。

（7）返回 CentOS 系统安装主界面，选择网络和主机名后，单击右下角的"配置"按钮，如图 1.3.24 所示。

（8）选择 IPv4 设置，在"方法"选项中可以将地址设置为"手动"或者"自动"，最后单击"保存"按钮，如图 1.3.25 所示。

（9）单击右上角的"打开"按钮启动网卡，然后单击左上角的"完成"按钮，如图 1.3.26 所示。

（10）下面对 Linux 的硬盘进行简单分区。

① 返回到 CentOS 系统安装主界面，单击"安装目的地"选项后，在"存储配置"中选中"自定义"单选按钮，然后单击左上角的"完成"按钮，如图 1.3.27 所示。

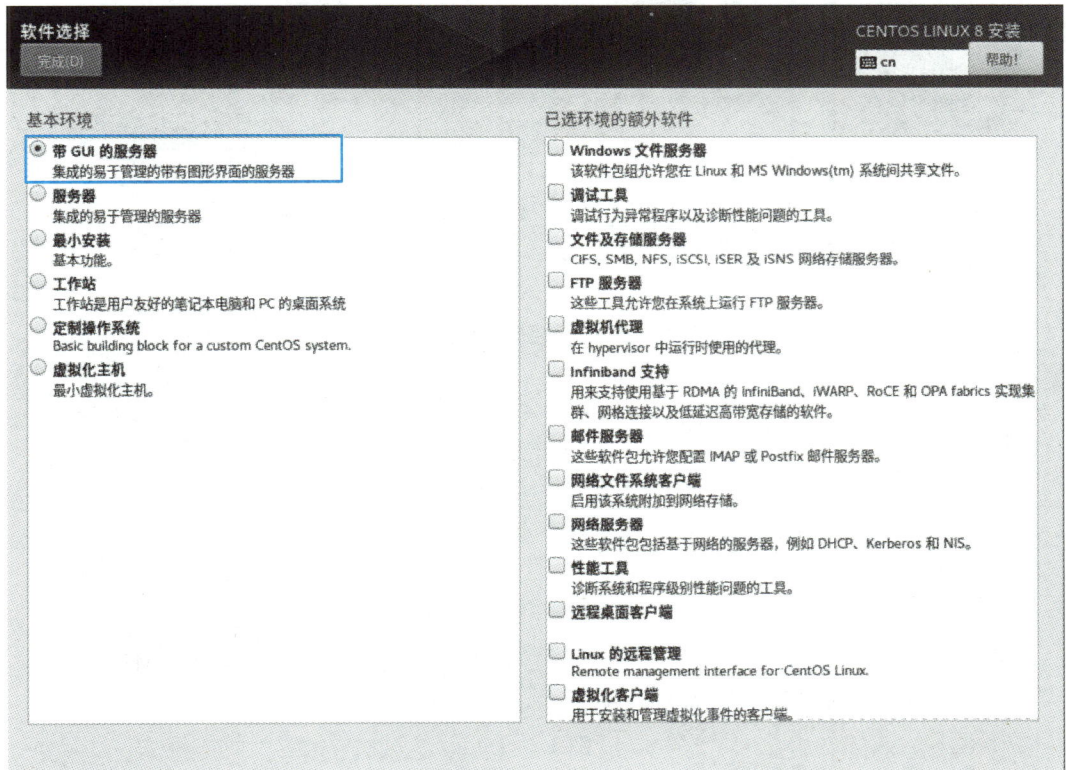

图 1.3.23

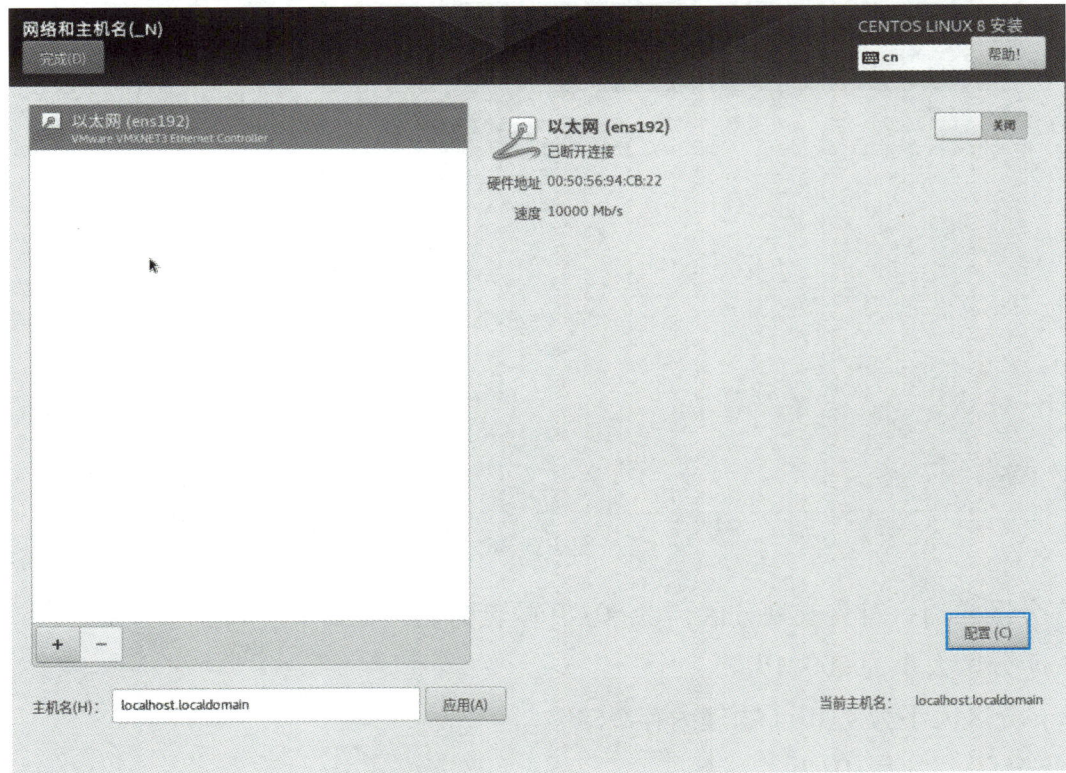

图 1.3.24

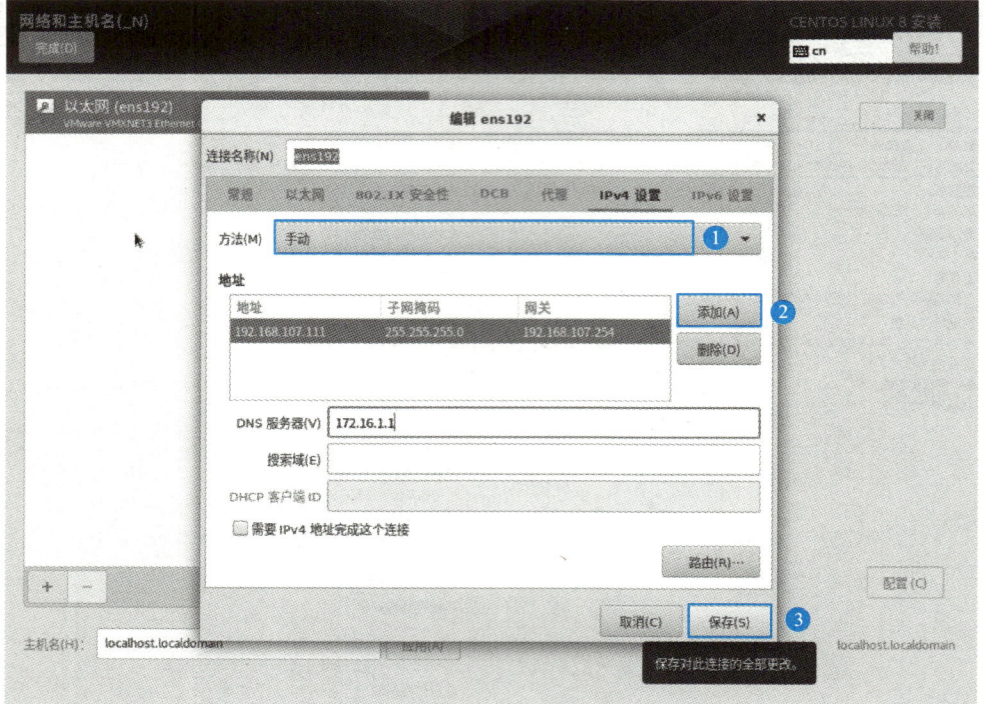

图 1.3.25

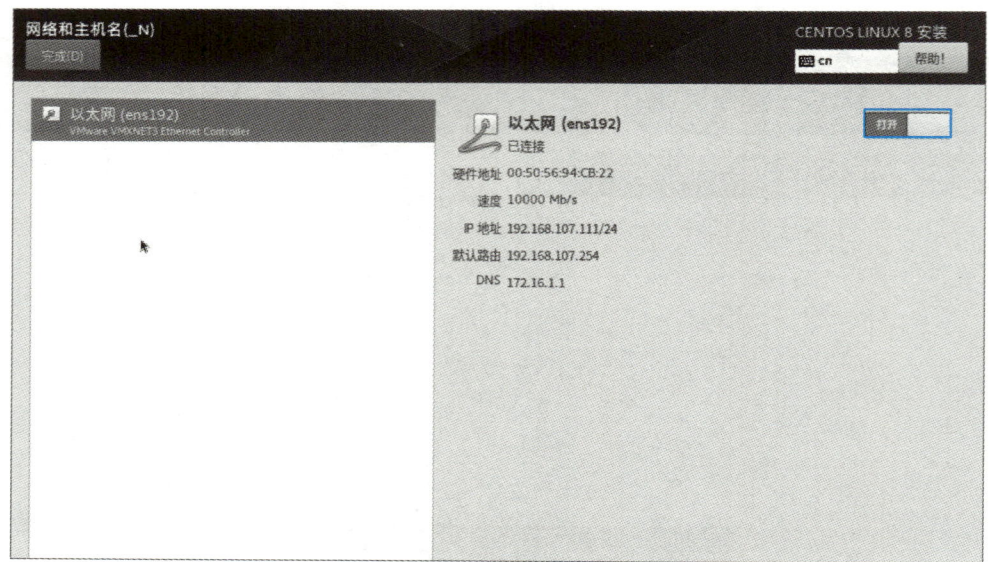

图 1.3.26

② 在分区之前，首先规划分区，以 50 GB 硬盘为例，做如下规划。

- /boot 分区大小为 500 MB。
- swap 分区大小为 4 GB（物理内存 2 GB）。
- /usr 分区大小为 10 GB。
- /home 分区大小为 10 GB。
- /var 分区大小为 10 GB。

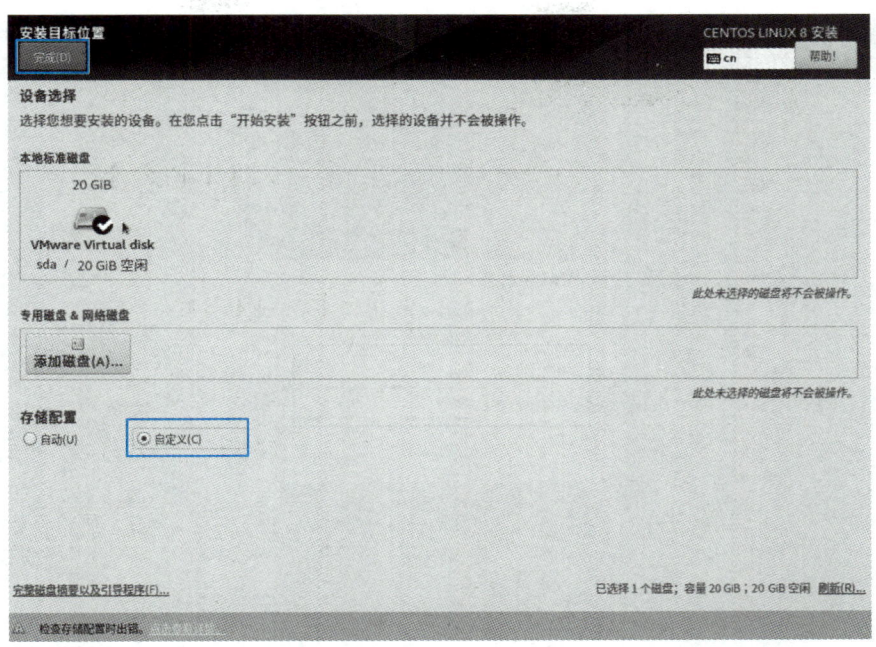

图 1.3.27

- /（根）分区大小为 10 GB。

③ 创建 boot 分区。在"新挂载点将使用以下分区方案"选中"标准分区"，然后单击"+"按钮，如图 1.3.28 所示。

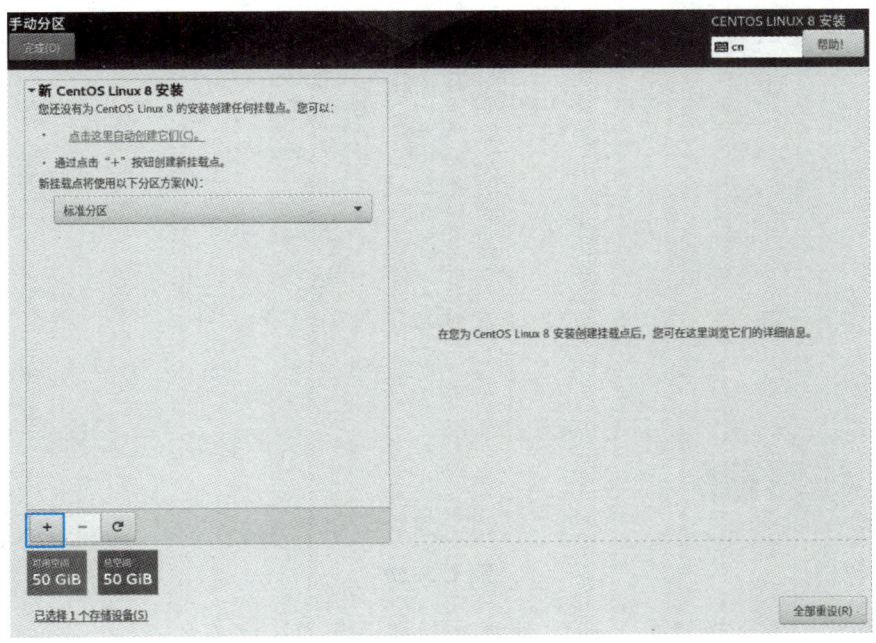

图 1.3.28

④ 选择挂载点为"/boot"（也可以直接输入挂载点），容量大小设置为 500 MB，然后单击"添加挂载点"按钮，如图 1.3.29 所示。

⑤ 设置文件系统类型为"ext4"，剩下的分区按照以上方法创建即可，如图 1.3.30 所示。

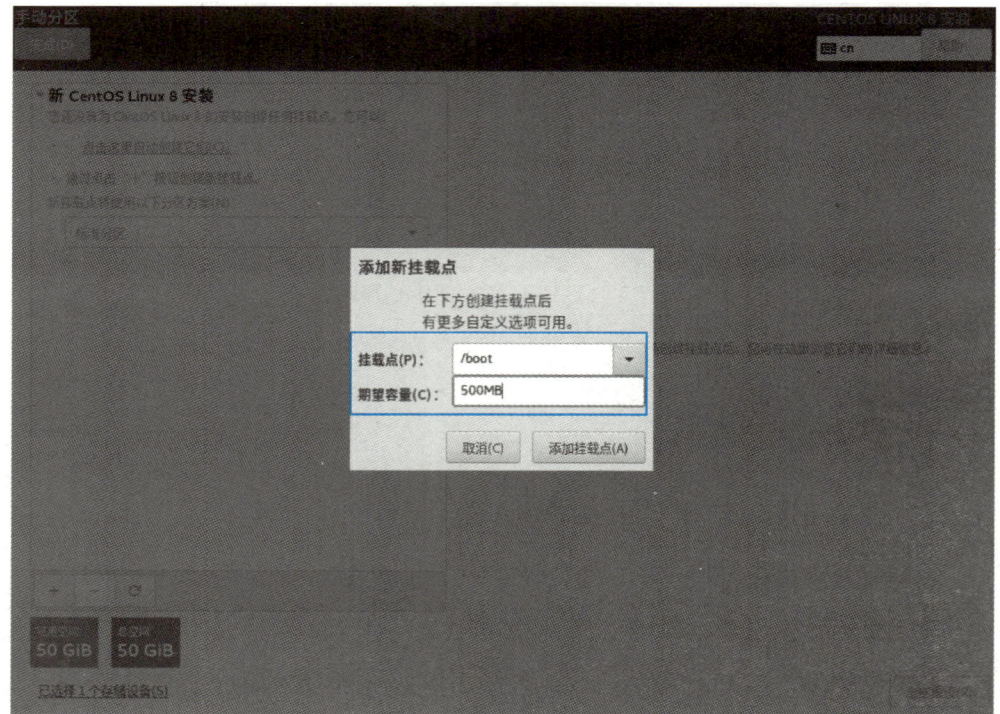

图 1.3.29

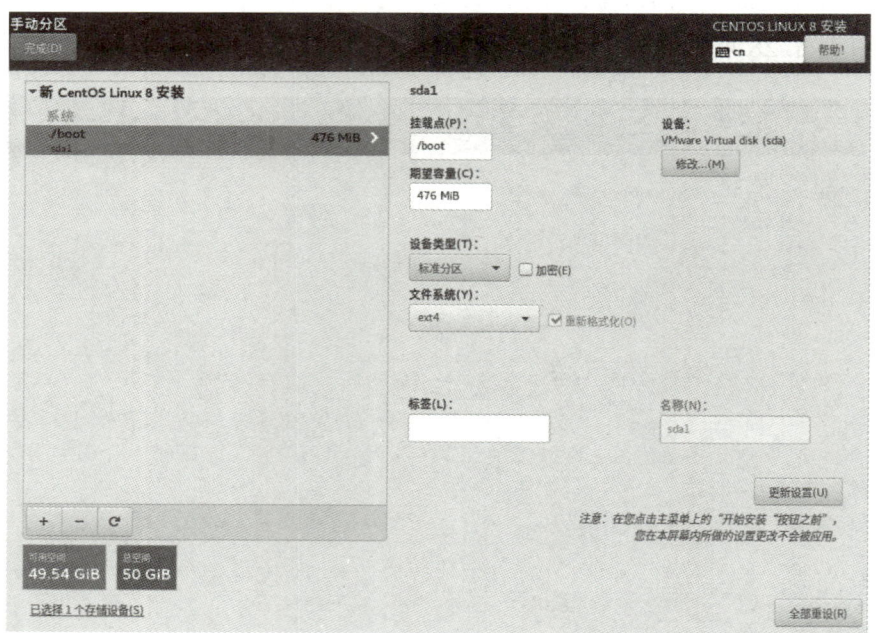

图 1.3.30

注意：如果是 EFI 启动模式，还需要额外创建一个/boot/efi 分区。

swap 分区的作用：swap 就是虚拟内存分区，它类似于 Windows 的 PageFile.sys 页面交换文件。就是当计算机的物理内存不够时，利用硬盘上的指定空间作为后备军来动态扩充内存的大小。

⑥ 分区都创建好后，单击左上角的"完成"按钮，最后单击"接受更改"按钮，完成分区创建，如图 1.3.31 所示。

1.3 在 VMware 虚拟机上安装与配置 Linux 系统

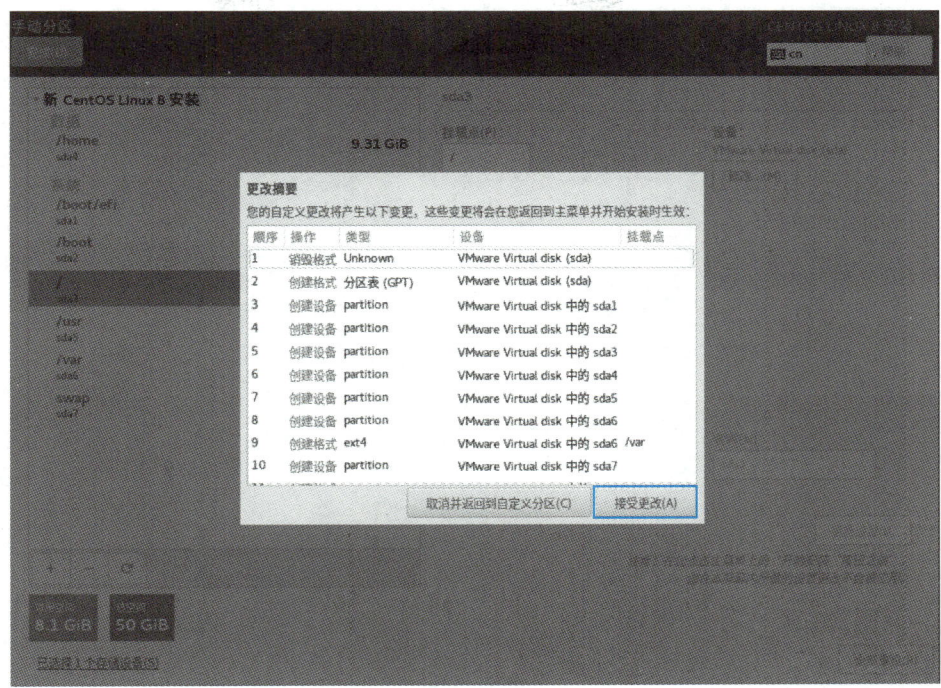

图 1.3.31

（11）设置 root 管理员的密码。root 用户是 Linux 系统中的管理员用户，拥有整个系统的最高权限。单击"根密码"按钮，将 root 密码设置为"password"，设置完密码后，单击左上角的"完成"按钮才可以确认，如图 1.3.32 所示。

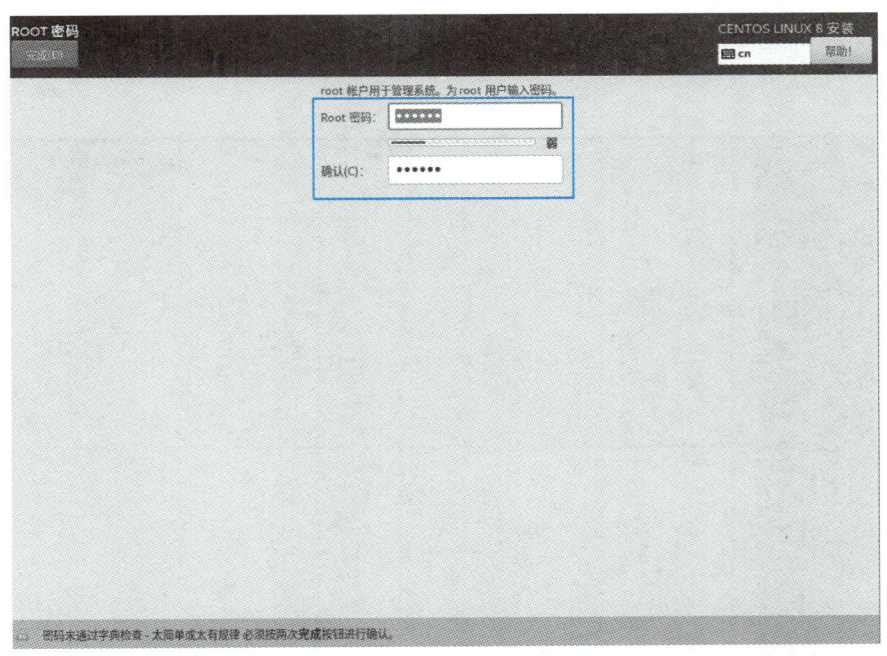

图 1.3.32

（12）单击"开始安装"按钮后即可看到安装进度，如图 1.3.33 所示。

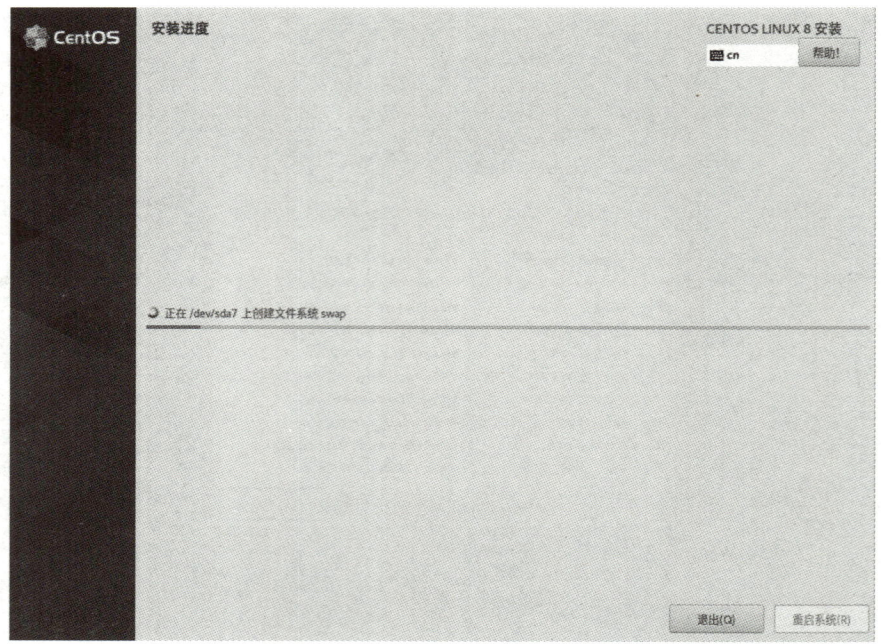

图 1.3.33

1.3.4 配置 CentOS 系统

配置 CentOS 系统的具体步骤如下。

（1）Linux 系统安装过程在 15～30 min。安装完成后单击"重启系统"按钮，如图 1.3.34 所示。

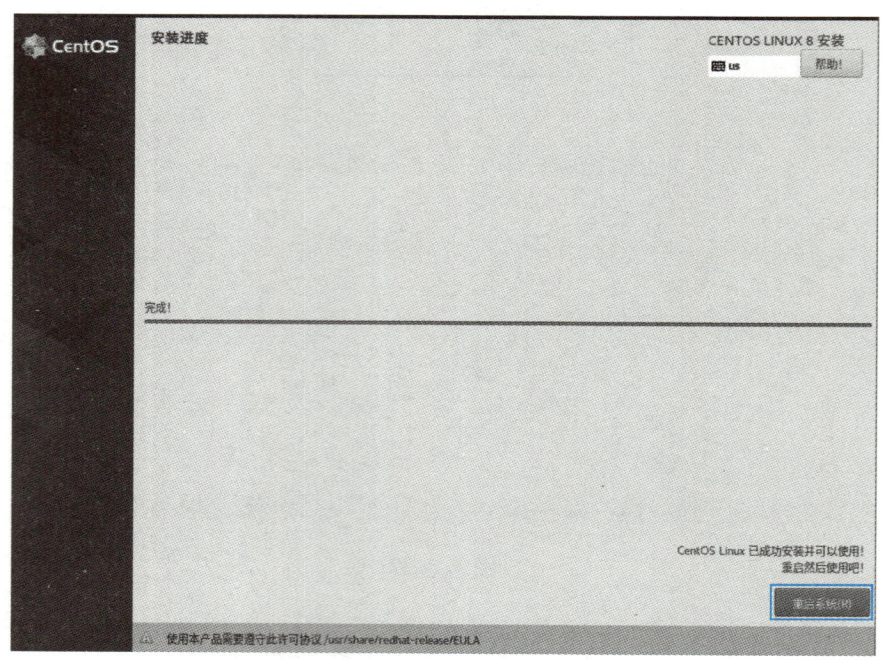

图 1.3.34

（2）重启系统后将看到系统的初始化界面，单击"License Information"选项，如图 1.3.35 所示。

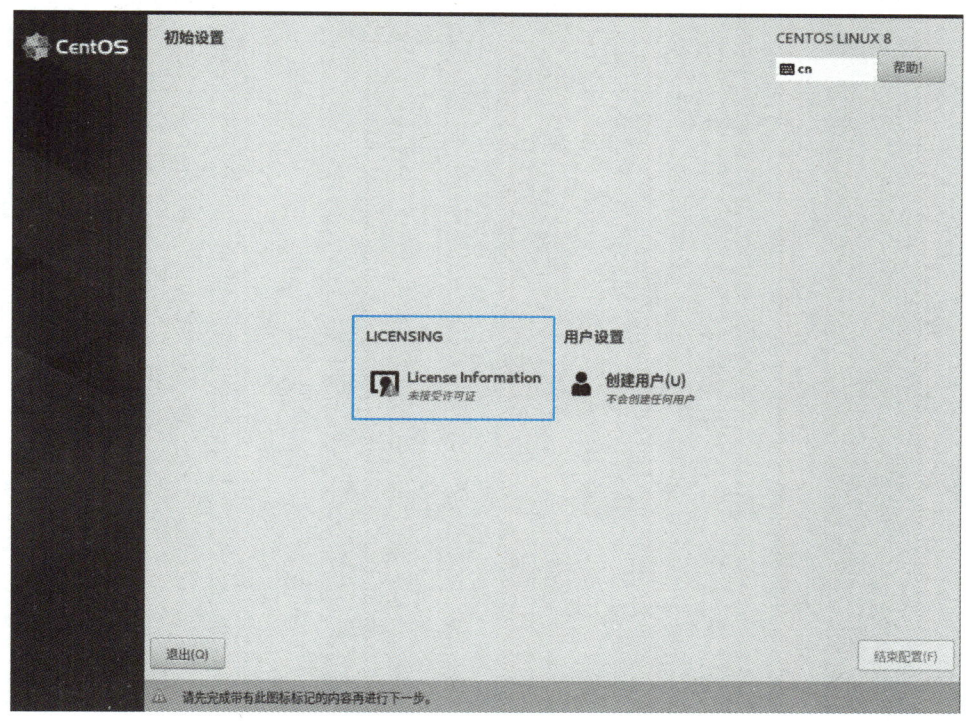

图 1.3.35

（3）选中"我同意许可协议"复选框，然后单击左上角的"完成"按钮，最后单击右下角的"结束配置"按钮，此时系统会重启，如图 1.3.36 所示。

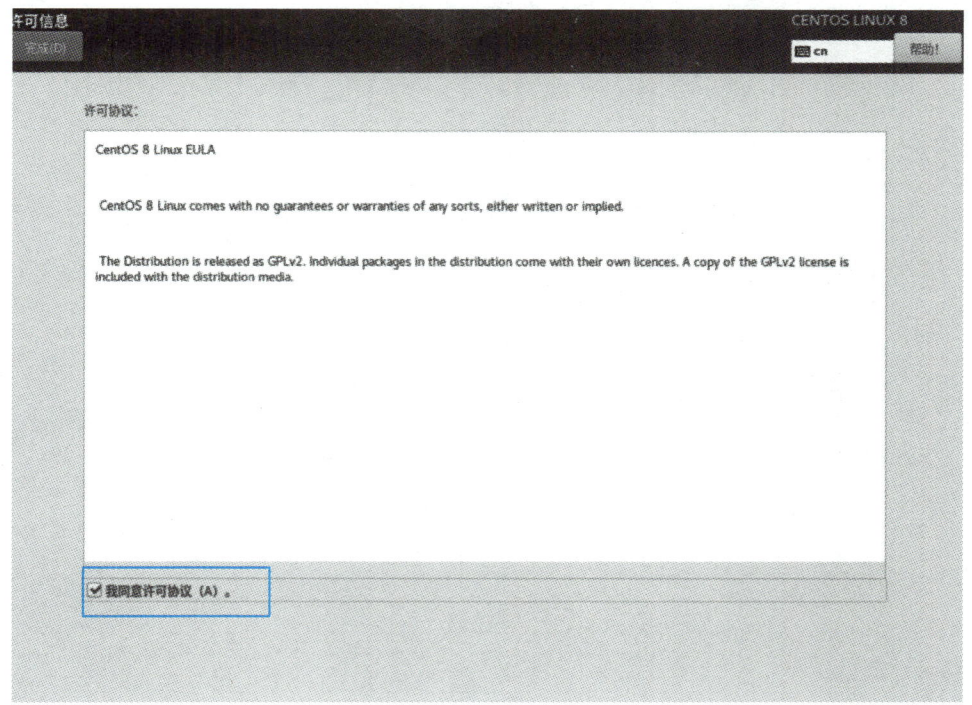

图 1.3.36

(4)重启完之后可以看到系统的欢迎界面,单击"前进"按钮,如图 1.3.37 所示。

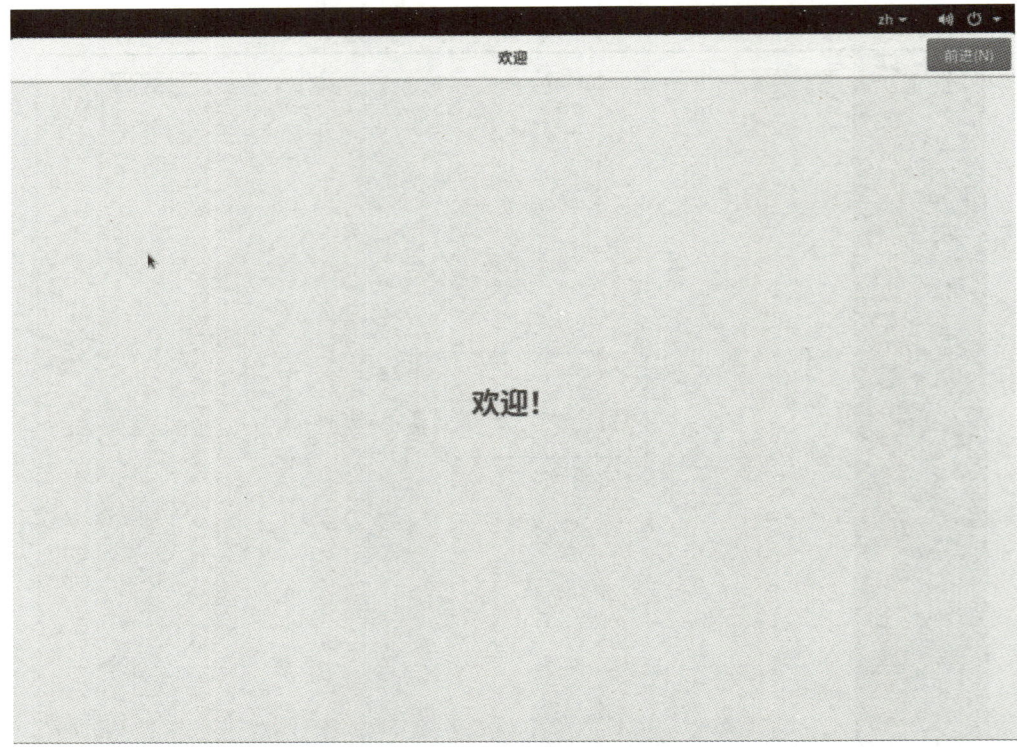

图 1.3.37

(5)在隐私选项中,单击"前进"按钮,如图 1.3.38 所示。

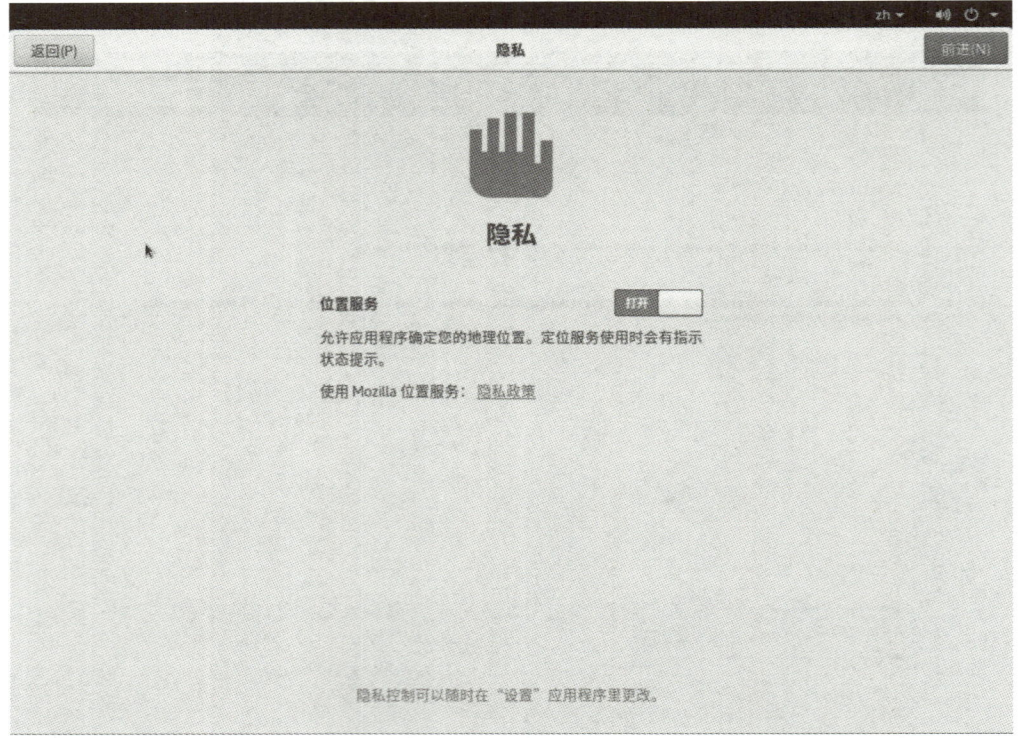

图 1.3.38

（6）在"在线账号"界面中单击"跳过"按钮，如图1.3.39所示。

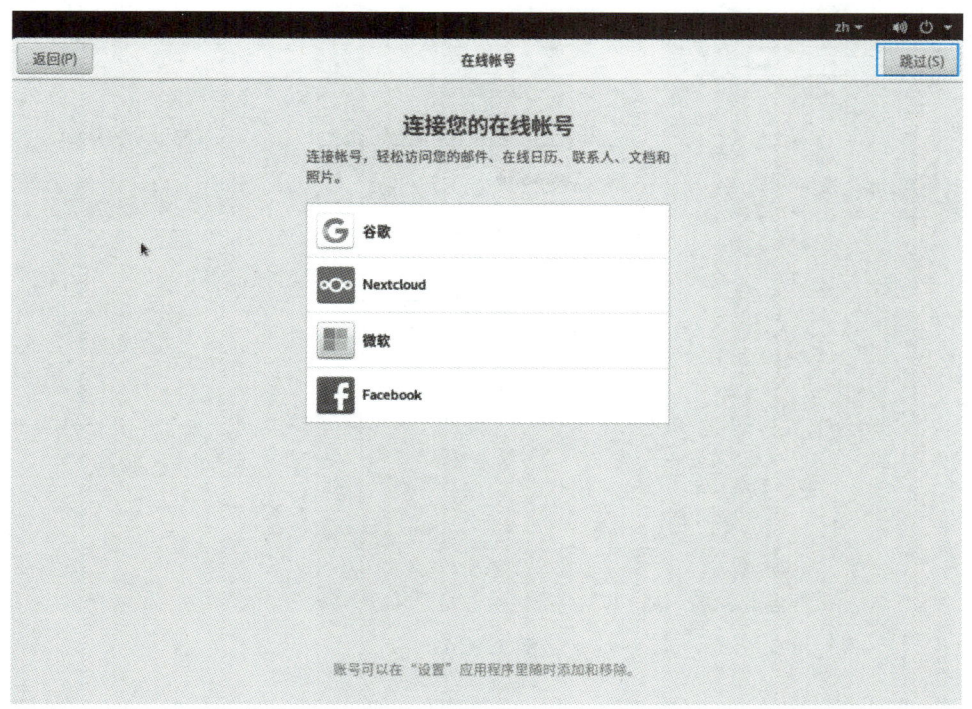

图 1.3.39

（7）在"关于您"界面中，创建一个本地普通用户，并设置该用户的用户名和密码。在全名和用户名中输入要创建的用户名，单击"前进"按钮，本次安装创建的用户为"user1"，密码为"password"，如图1.3.40所示。

图 1.3.40

(8)设置密码,如图 1.3.41 所示。

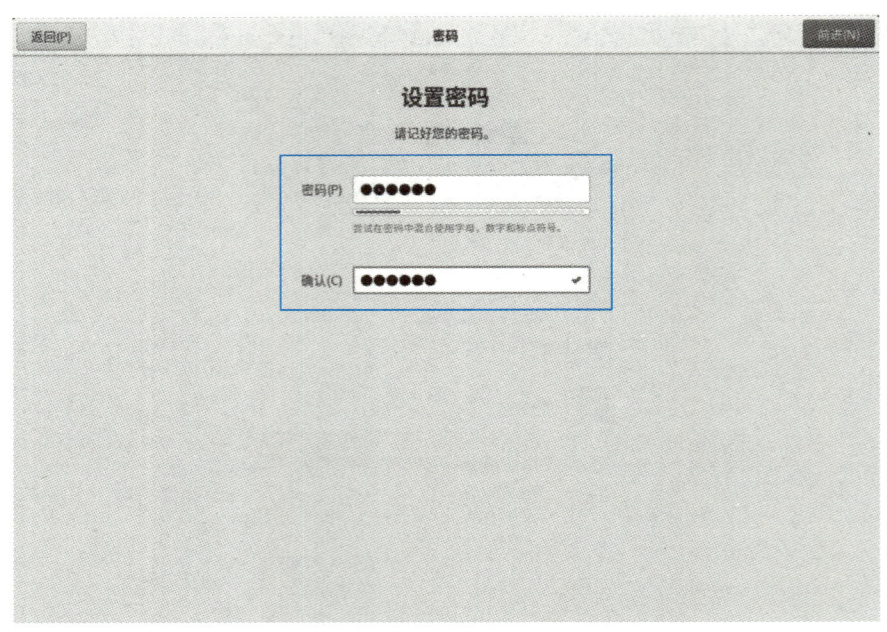

图 1.3.41

(9)单击"开始使用 CentOS Linux(S)"按钮,至此就完成了 CentOS 的基本配置,如图 1.3.42 所示。

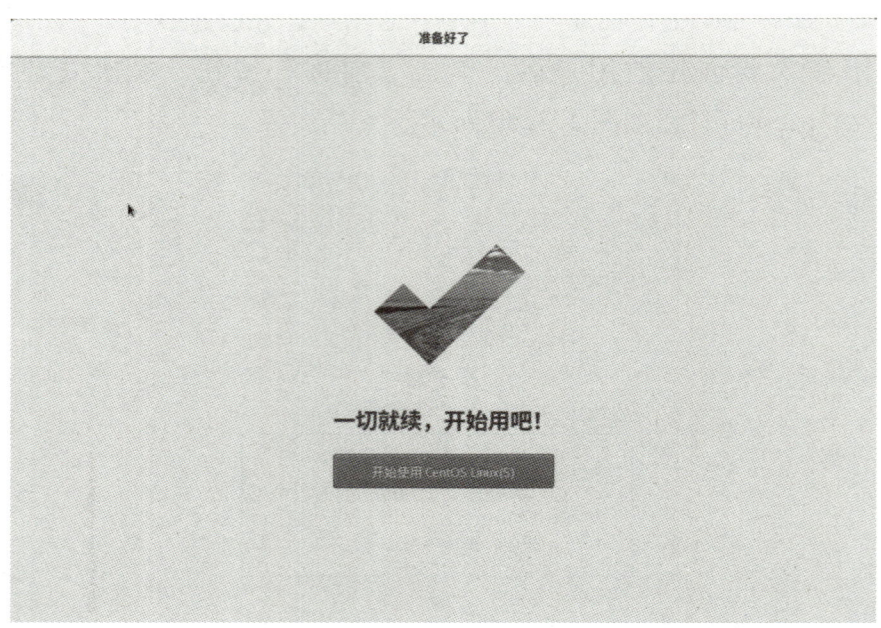

图 1.3.42

1.3.5 CentOS 基本操作

有关 CentOS 的基本操作介绍如下。

（1）使用已经创建好的普通用户"user1"登录系统，如图 1.3.43 所示。

图 1.3.43

（2）进入系统后，由于登录系统的用户是普通用户，对系统的操作有限制，为了更好地进行实验，先要将当前普通用户切换成 Linux 的管理员用户"root"。

① 进入桌面之后单击右上角的 ⏻ 按钮，选择"注销"选项，此时会退回到用户登录界面，如图 1.3.44 所示。

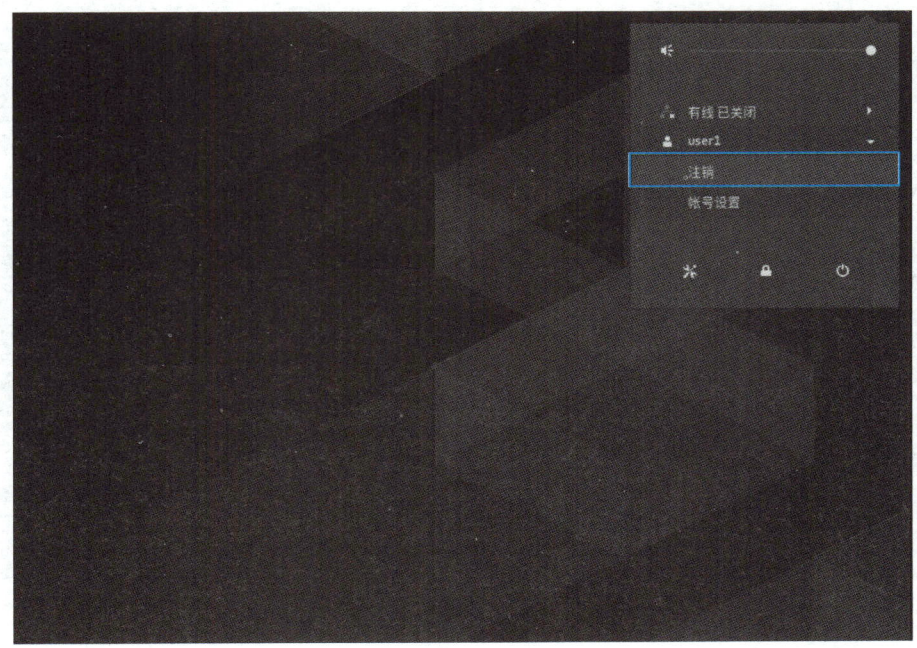

图 1.3.44

② 在用户登录界面中单击"未列出"选项，如图 1.3.45 所示。

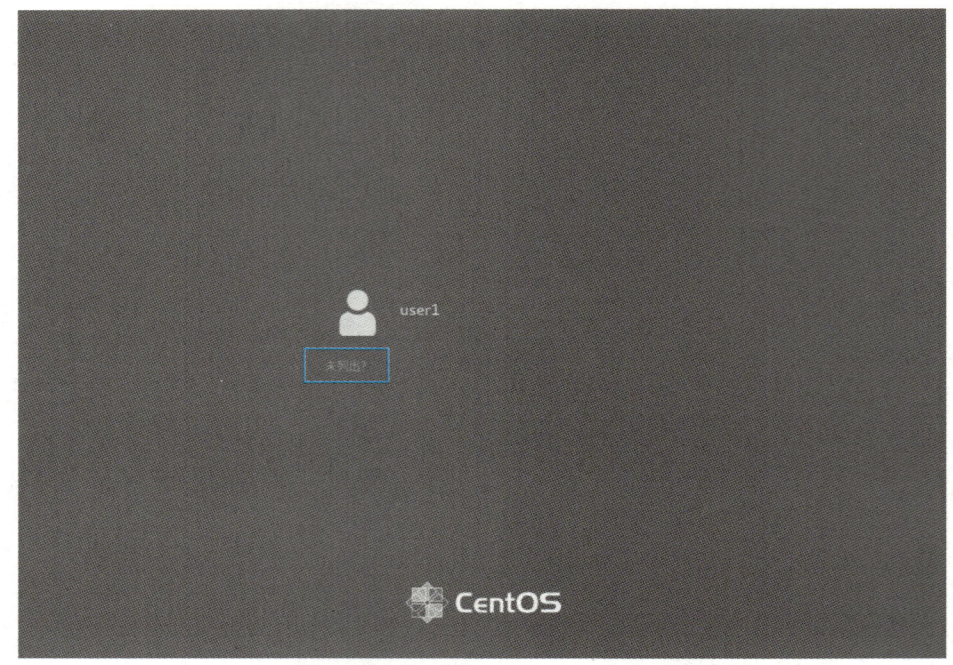

图 1.3.45

③ 此时系统要求重新输入一个用户名，在"用户名"文本框中输入 root，并且输入对应的密码，以 root 用户登录系统，如图 1.3.46 所示。

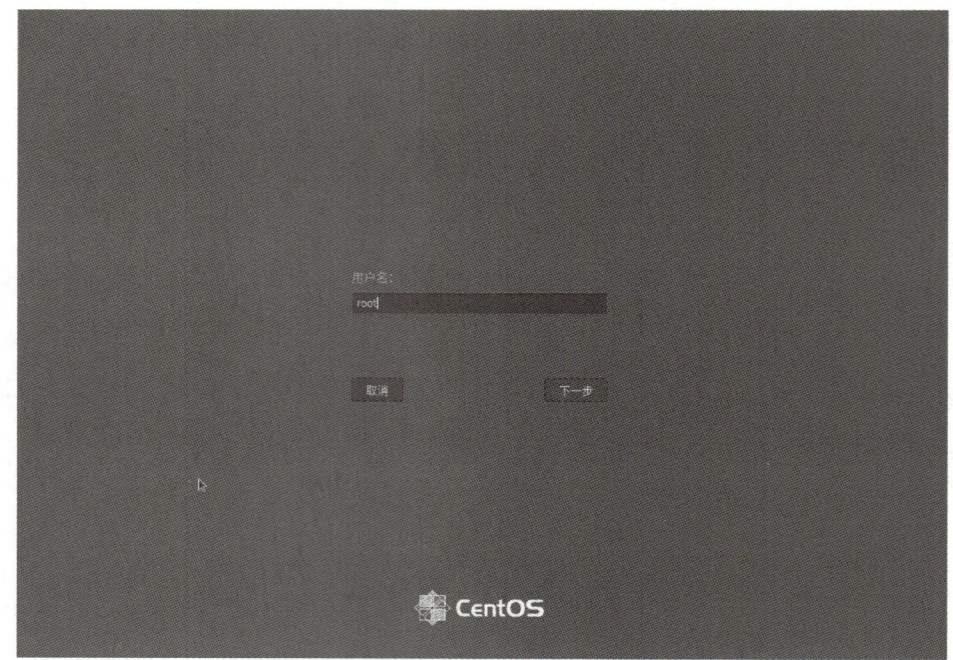

图 1.3.46

（3）Linux 中的终端又称为命令行，在这个命令行窗口中，用户输入命令，操作系统执行并将结果显示在屏幕上。

① 单击桌面左上角的"活动"按钮，单击选择"终端"，如图 1.3.47 所示。

图 1.3.47

② 打开终端窗口，如图 1.3.48 所示。

图 1.3.48

③ 在终端窗口输入"cat /etc/redhat-release"命令，查看 Linux 系统发行版本，如图 1.3.49 所示。

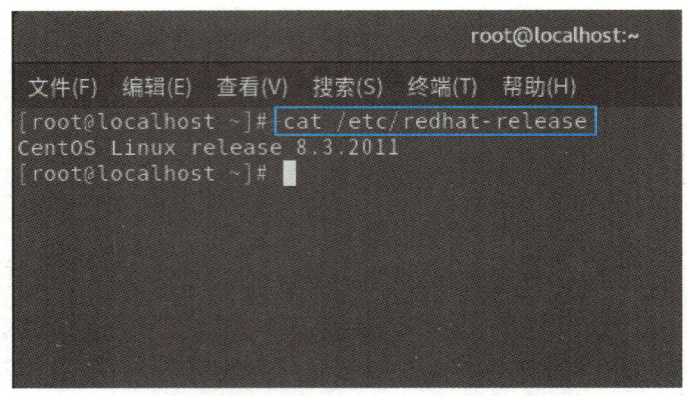

图 1.3.49

④ 在终端窗口输入"uname -a"命令，查看内核版本，如图 1.3.50 所示。

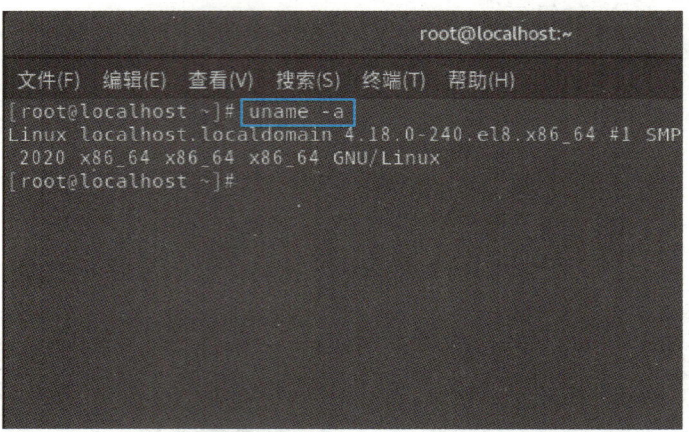

图 1.3.50

项 目 测 试

1. 选择题（可多选）

（1）以下选项中属于开源软件对用户带来的好处的是（　　）。

　　A. 开发完成后代码可以继续保留

　　B. 代码的敏感部分受到保护，仅供原始开发人员使用

　　C. 可以从实际代码中学习，并开发出更有效的应用

D. 只要代码位于公共存储库中，它就会保持开放状态

(2) 以下选项中属于 Linux 未来开发产品并与社区互动的方式的是（ ）。

    A. 赞助开源项目并将它们集成到社区驱动型 Fedora 项目中

    B. 开发仅在发行版中提供的特定集成工具

    C. 参与上游项目

    D. 重新打包和重新许可社区产品

(3) 以下选项中属于 Linux 优势的是（ ）。

    A. Linux 完全由志愿者开发，这使其成为一种低成本的操作系统

    B. Linux 是模块化的，可以配置为完整的图形桌面或小型设备

    C. Linux 的每个版本在已知状态下锁定至少一年，更加便于开发自定义软件

    D. Linux 包含可脚本化的强大命令行接口，可实现更轻松的自动化和调配

(4) 以下选项中属于国产 Linux 操作系统的是（ ）。

    A. Kali Linux

    B. Red Hat Linux

    C. Ubuntu Linux

    D. Deepin Linux

(5) 以下选项中不属于 Linux 发行版的是（ ）。

    A. MANDRAKE

    B. RedHat

    C. BSD

    D. Debian

(6) 下列有关 Linux 系统提供的安装方式，正确的是（ ）。

    A. CD-ROM/DVD 启动安装

    B. 从硬盘安装

    C. 从 NFS 服务器安装

    D. 从 FTP/HTTP 服务器安装

    E. 从 U 盘启动安装

(7) 在 Linux 系统中，SCSI 硬盘对应的文件名是（ ）。

    A. /dev/hd[a-z]

    B. /dev/sd[a-z]

    C. /dev/lp[a-z]

    D. /dev/fd[a-z]

(8) 下列属于 Linux 分区的是（ ）。

A. /boot

B. \\tmp

C. \etc

D. //usr

（9）下列有关 Linux 中 IDE 设备命名编号正确的是（　　）。

A. sda 第一个 IDE 控制器，主设备

B. sdb 第二个 IDE 控制器，次设备

C. hdb 第二个 IDE 控制器，主设备

D. hda 第一个 IDE 控制器，主设备

（10）硬盘主引导扇区的位置在（　　）。

A. 0 柱面、0 磁头、0 扇区

B. 0 柱面、0 磁头、1 扇区

C. 0 柱面、1 磁头、0 扇区

D. 0 柱面、1 磁头、1 扇区

2. 操作题

（1）在 VMware 中安装 CentOS 8.3 网络操作系统，硬盘大小为 100 GB，内存大小为 2 GB，设置主机名为 CentOS 8-1，硬盘分区规划如下。

- /boot 分区大小为 1 GB。
- swap 分区大小为 4 GB。
- /分区大小为 10 GB。
- /usr 分区大小为 8 GB。
- /home 分区大小为 8 GB。
- /var 分区大小为 8 GB。
- /tmp 分区大小为 6 GB。
- 预留 55 GB 不进行分区。

（2）重置 CentOS 8-1 主机的 root 管理员密码为 toor。

项目2 Linux常见命令使用

> Linux 系统和 Windows 系统在操作上有很大的不同。想要熟练掌握和使用 Linux 系统，就必须了解 Linux 的目录结构，掌握常用的 Linux 命令，以便更好地对系统文件进行操作，对系统信息进行查看。通过本项目的学习，可以了解 Linux 的目录结构，学会使用 Linux 的命令行，并使用命令来管理系统、文件和目录。

从本项目可以学习到：

- ◆ Linux 系统的目录结构。
- ◆ Linux 系统的终端命令行。
- ◆ 文件管理命令。
- ◆ 目录管理命令。
- ◆ 系统管理命令。
- ◆ 文本编辑器的使用。

2.1　Linux 目录结构

Linux 系统与 Windows 系统相比，使用了完全不同的目录结构设计。本节主要介绍 Linux 的基本目录结构。

2.1.1　Linux 目录结构概述

Linux 系统中一切都是文件。在 Linux 系统中并不存在 C、D、E、F 等盘符，系统中的一切文件都是从"根（/）"目录开始的。

Linux 系统中的文件和目录名称是严格区分大小写的，如 root、rOOt、Root、rooT 均代表不同的文件，并且文件名称中不得包含斜杠"/"。

Linux 系统中的文件扩展名没有实际作用，只是名字的一部分。

2.1.2　Linux 文件系统存储结构概述

Linux 的文件系统结构如图 2.1.1 所示。

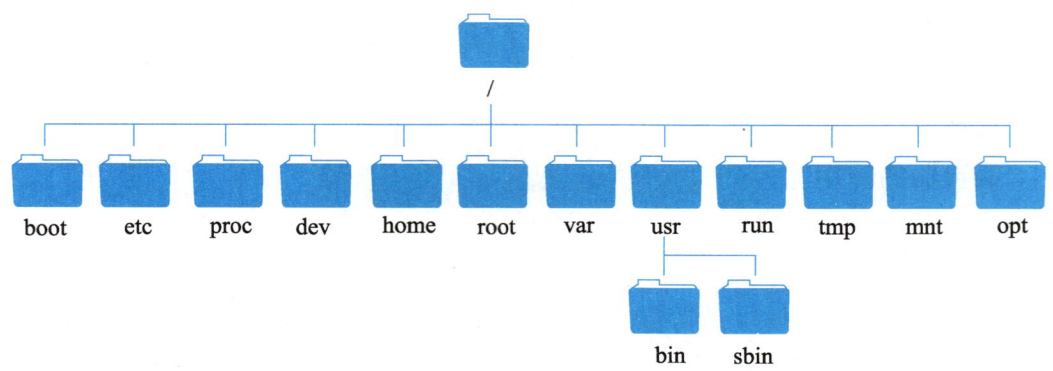

图 2.1.1

表 2.1.1 介绍了 Linux 中各个目录的功能。

表 2.1.1　目录功能

目录名称	放置文件内容
/	Linux 文件的最上层根目录

续表

目录名称	放置文件内容
/boot	开机所需的内核文件、开机菜单及所需配置的文件等
/dev	以文件形式存放任何设备与接口
/etc	配置文件
/home	用户家目录
/sbin	开机过程中需要的命令
/media	用于挂载设备文件的目录
/opt	主要存放第三方的软件
/root	系统管理员的家目录
/tmp	临时目录
/var	主要存放经常变化的文件，如日志

2.1.3　Linux 的绝对路径和相对路径

绝对路径：由根目录"/"开始写起的文件名或目录名称，是一个完整的路径。

相对路径：相对于目前路径的文件名写法，用于指代文件或文件夹路径。

- "."代表当前的目录，也可以使用"./"来表示。
- ".."代表上一层目录，也可以用"../"来代表。

假设当前在/home 目录下，就可以使用下面两种方式进入/var/log 目录。

（1）以绝对路径的方式进入/var/log 目录，如图 2.1.2 所示。

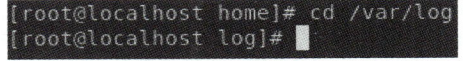

图 2.1.2

（2）以相对路径的方式进入/var/log 目录，如图 2.1.3 所示。

图 2.1.3

在 Linux 文件结构中 var 和 home 目录都在"/"目录下，图 2.1.3 中".."表示回到上层目录，也就是"/"目录。

2.2　Linux 系统终端

虽然 Linux 系统也提供了类似于 Windows 系统的图形界面，但是一般系统管理员在使用的时候还是倾向于使用命令行。使用命令可以方便快速地完成任何针对系统的操作。

1. Shell

命令行，指的就是 Shell。Shell 是一个程序，它接收从键盘输入的命令，然后把命令传递给操作系统执行。几乎所有的 Linux 发行版都提供一个名为 bash 的 Shell 程序。

2. 终端程序

当使用图形界面的 Linux 操作系统时，需要一个和 Shell 交互的工具，称为终端程序。在 Linux 系统中这个程序被命名为"terminal"。其中，GNOME 桌面使用的终端程序名为"gnome-terminal"，还有其他一些终端程序可供 Linux 使用。基本上所有不同版本的终端程序的目的都是为了能访问 Shell。

3. 终端程序的基本操作

打开终端程序，前面 1.3.5 中已学习过，在此不再赘述。

当终端程序运行之后会显示一串字符，这些字符称为 Shell 提示符，如图 2.2.1 所示。

`[user1@localhost ~]$`

图 2.2.1

Shell 提示符会以各种样式显示，这取决于不同的 Linux 发行版，通常包括"用户名@主机名"，紧接着是当前工作目录和一个"$"。如果提示符的最后一个字符是"#"，那么这个终端会话就拥有超级用户权限。如果提示符的最后一个字符是"$"，则表示这是一个普通用户。

如果在终端窗口输入字符"kaekfjaeifj"，由于输入的字符没有任何意义，所以 Shell 会提示错误信息，如图 2.2.2 所示。

下面介绍一些简单的 Shell 命令。

（1）date 命令，该命令显示系统当前时间和日期，如图 2.2.3 所示。

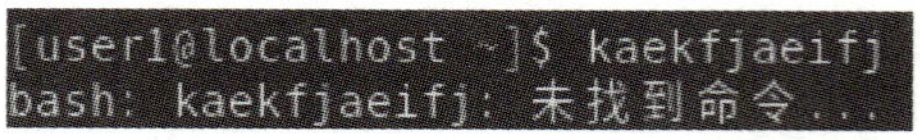

```
[user1@localhost ~]$ kaekfjaeifj
bash: kaekfjaeifj: 未找到命令...
```

图 2.2.2

```
[user1@localhost ~]$ date
2022年 07月 13日 星期三 07:51:33 EDT
```

图 2.2.3

(2) cal 命令,该命令默认显示当前月份的日历,如图 2.2.4 所示。

图 2.2.4

2.3 文件管理命令

文件是 Linux 操作系统的基本组成单元。文件管理包括复制、移动、修改等。本节主要介绍 Linux 文件管理相关的命令。

2.3.1 复制命令 cp

1. 命令简介

cp 命令用来将一个或多个源文件或者目录复制到指定的文件或目录下。它可以将单个源文件复制成一个指定文件名的具体的文件,或复制到一个已经存在的目录下。

cp 命令还支持同时复制多个文件。当一次复制多个文件时,目标文件参数必须是一个已经存在的目录,否则将出现错误。

2. 命令语法

cp [option] source dest

cp [option] source directory

option:cp 命令的选项。
source:源文件。
dest:目标文件。
directory:目录。

3. 命令参数

命令参数见表 2.3.1。

表 2.3.1　cp 命令参数

参　　数	作　　用
-f	强行复制文件或目录，不论目标文件或目录是否已存在
-i	覆盖已有文件之前先询问用户
-l	对源文件建立硬连接，而非复制文件
-p	保留源文件或目录的属性
-R 或者 -r	递归复制目录及其子目录内的所有内容

4. 命令实例演示

（1）将当前目录 abc 复制到目录 /opt/aaa/bbb 下，并改名为 filedoc。

　cp abc /opt/aaa/bbb/filedoc

（2）将 /etc/shut 目录下的所有文件及其子目录复制到 /tmp/sh 目录下。

　cp -r /etc/shut /tmp/sh

（3）将当前目录下的 text1.txt 和 text2.txt 复制到 /opt/apt 目录下。

　cp text1.txt text2.txt /opt/apt

2.3.2　移动文件命令 mv

1. 命令简介

mv 命令用来对文件、目录重新命名，也可以将文件或者目录从一个目录移动到另一个目录，类似于 Windows 系统中的剪切操作。

2. 命令语法

　mv [option] source dest

　mv [option] source directory

option：mv 命令的选项。
source：源文件。
dest：目标文件。
directory：目录。

3. 命令参数

命令参数见表 2.3.2。

表 2.3.2 mv 命令参数

参　　数	作　　用
-f	覆盖前不询问
-i	覆盖前询问
-n	不覆盖已存在的文件
-b	类似--backup 但不接收参数
--backup	若需覆盖文件，则覆盖先前的备份

4. 命令实例演示

（1）将 abc 文件重命名为 cba。

```
mv abc cba
```

（2）将当前命令下的 doc1 文件移动到/opt 目录下并重命名为 doc2。

```
mv doc1 /opt/doc2
```

（3）将当前目录下的 doc1、doc2 文件复制到/usr 目录下，如果/usr 目录下有同名文件则备份。

```
mv --backup doc1 doc2 /usr
```

2.3.3 创建文件命令 touch

1. 命令简介

touch 命令用于创建新的空白文件，也可以把已存在的文件时间标签更新为系统当前时间，文件的数据将原封不动地保留下来。

2. 命令语法

```
touch [option] file
```

option：touch 命令的选项。

file：指定要设置时间属性的文件，或需要新建的文件名。

3. 命令参数

命令参数见表 2.3.3。

表 2.3.3　touch 命令参数

参数	作用
-a	只更改访问时间
-c	不创建任何文件
-d	使用指定字符串表示时间而非当前时间
-m	只更改修改时间

4. 命令实例演示

（1）新建一个空白文件 file1。

```
touch file1
```

（2）将"file1"的访问时间修改为当前系统时间。

```
touch -a file1
```

（3）如果当前目录下有名为 file1 的文件就修改 file1 文件的时间戳，如果没有则不创建。

```
touch -c file1
```

2.3.4　删除文件命令 rm

1. 命令简介

rm 命令可以删除某个目录中的一个或多个文件或目录，也可以将某个目录及其下属的所有文件及其子目录全都删除。而对于链接文件，仅删除这个链接文件，原文件保持不变。

2. 命令语法

```
rm [option] file
```

option：mv 命令的选项。

file：需要删除的文件。

3. 命令参数

命令参数见表 2.3.4。

表 2.3.4　rm 命令参数

参数	作用
-d	把将要删除的目录的硬连接数据全部删除，再删除该目录
-f	强制删除文件或目录
-i	删除已有文件或目录之前先询问用户

续表

参　　数	作　　用
-r 或 -R	递归处理，将指定目录下的所有文件与子目录一并处理
-v	显示命令的详细执行过程
--preserve-root	不对根目录进行递归操作

4. 命令实例演示

（1）强制删除/opt/abc 目录及其子目录下的所有文件和目录。

rm -rf /opt/abc

（2）使用交互的方式删除/usr/file1 目录及其目录下的所有文件和目录。

rm -r /usr/file1

2.3.5　磁盘检查命令 df

1. 命令简介

df 命令用于检查文件系统的磁盘空间占用情况。

2. 命令语法

df [option] file

option：df 命令的选项。

file：df 命令操作对象。

3. 命令参数

命令参数见表 2.3.5。

表 2.3.5　df 命令参数

参　　数	作　　用
-a	包含全部的文件系统
-h	以可读性较高的方式来显示信息
-i	显示 inode 的信息
-k	指定区块大小为 1 024 字节
-l	仅显示本地端的文件系统
-T	显示文件系统的类型

4. 命令实例演示

（1）列出各文件系统的 i 节点使用情况。

```
df -i
```

（2）列出文件系统的类型。

```
df -T
```

（3）以 k 为单位显示磁盘的使用情况。

```
df -k
```

2.3.6 文件查找命令 find

1. 命令简介

find 命令用于搜索文件或目录，并执行指定操作。Linux 下的 find 命令提供了相当多的查找条件，功能很强大。

2. 命令语法

```
find pathname -options [ -print -exec -ok ... ]
```

pathname：find 命令所查找的目录路径。

options：find 命令的选项。

print：将结果输出到屏幕。

exec：对匹配文件执行该参数所给出的 Shell 命令。相应命令的形式为 'command' { } \;

ok：和-exec 的作用基本相同，不同的是在执行每一个命令之前都会给出提示，让用户来确定是否执行。

3. 命令参数

命令参数见表 2.3.6。

表 2.3.6 find 命令参数

参　　数	作　　用
-size	根据大小搜索
-name	根据文件名搜索
-user	根据所有者查找
-group	根据所属组查找
-admin	根据最后一次访问时间查找
-cmin	根据最后一次属性修改时间查找

4. 命令实例演示

(1) 在/etc 目录下查找大于 2 MB 的文件和目录。

find /etc/ -size +2M

(2) 在/etc 目录查找以 na 开头的文件。

find /etc/ -name na * -type f

(3) 在当前目录下查找用户为 apache 的文件和目录。

find . -user apache

(4) 在当前目录下查找所属组为 apache 的文件和目录并显示详细信息。

find . -group apache -exec -ls -l { } \

(5) 在/root 目录下查找 10 min 之内被修改过内容的文件。

find /root -mmin -10 -type f

(6) 在/root 目录下查找 10 min 以前属性被修改过的文件。

find /root -cmin +10 -type f

(7) 在/etc 目录下查找 10 min 之内被访问过的文件。

find /etc -amin -type f

(8) 在/opt 目录下删除不是以 .apt 结尾的文件。

find /opt -type f ! -name "*.apt" -exec rm -rf { } \

(9) 在/tmp 目录下查找 i 节点为 3009 的文件。

find /tmp -inum 3009

2.3.7 查看文件大小命令 du

1. 命令简介

du 命令可以计算文件或目录所占的磁盘空间。

2. 命令语法

du [option] file

option：du 命令的选项。

file：du 命令操作对象。

3. 命令参数

命令参数见表 2.3.7。

表 2.3.7　du 命令参数

参　　数	作　　用
-a	显示目录中个别文件的大小
-c	显示几个目录或文件的大小，并统计它们的总和
-m	以 MB 为单位输出
-s	仅显示总计，只列出最后总和的值
-h	以 KB、MB、GB 为单位，提高信息的可读性

4. 命令实例演示

（1）显示多个文件所占用的空间。

```
du file1 file2 file3
```

（2）显示多个文件所占用的空间和所占用的空间总和。

```
du -c file1 file2 file3
```

（3）显示一个目录及其子目录的磁盘使用情况。

```
du /home
```

2.3.8　文件查看命令 cat

1. 命令简介

cat 命令的用途是连接文件或并显示到标准输出设备上。

2. 命令语法

```
cat [option] file
```

option：cat 命令的选项。

file：cat 命令操作对象。

3. 命令参数

命令参数见表 2.3.8。

表 2.3.8　cat 命令参数

参　　数	作　　用
-b	对非空输出行编号
-E	在每行结束处显示"＄"
-n	输出行编号
-s	不输出多行空行

4. 命令实例演示

（1）将/etc/passwd 文件中的内容打印到屏幕并显示行号。

```
cat -n /etc/passwd
```

（2）将/etc/profile 文件中的内容打印到屏幕并显示行号（除空行外）。

```
cat -b /etc/profile
```

（3）将 file1、file2 中的内容输出到 file3 中。

```
cat file1 file2 > file3
```

注意：在 Linux 中 ">" 表示覆盖，">>" 表示追加。

2.3.9　文件查看命令 head

1. 命令简介

head 命令用于显示文件开头的内容。默认情况下，head 命令显示文件的头 10 行内容。

2. 命令语法

```
head [option] file
```

option：head 命令的选项。

file：head 命令操作对象。

3. 命令参数

命令参数见表 2.3.9。

表 2.3.9　head 命令参数

参　　数	作　　用
-n	指定显示头部内容的行数
-c	指定显示头部内容的字符数

参　　数	作　　用
-v	总是显示头部内容的字符数
-q	不显示文件名的头信息

4. 命令实例演示

（1）将/etc/passwd 文件中的前 5 行内容输出到屏幕上。

head -n 5 /etc/passwd

（2）将/etc/passwd 文件的前 10 行内容输出屏幕上，并且显示文件名。

head -v /etc/passwd

2.3.10　文件查看命令 less

1. 命令简介

less 是 Linux 系统查看文件内容的工具，less 命令也是对文件或其他输出进行分页显示的工具。less 的用法比 more 更加灵活。在使用 more 命令时，没有办法向前翻页，只能向后翻页。less 命令可以使用 PageUp、PageDown 等按键来往前往后翻页，使浏览文件变得更加方便。

2. 命令语法

less [option] file

option：less 命令的选项。

file：less 命令操作对象。

3. 命令参数

命令参数见表 2.3.10。

表 2.3.10　less 命令参数

参　　数	作　　用
-i	忽略搜索时的大小写
-m	显示类似 more 命令的百分比
-N	显示每行的行号
-s	显示连续空行为一行
-S	行过长时将超出部分舍弃
-f	强制打开特殊文件，如外围设备代号、目录和二进制文件

4. 命令实例演示

(1) 分页输出当前系统进程到屏幕上。

```
ps -ef|less
```

(2) 分页输出历史命令到屏幕上。

```
history|less
```

(3) 分页输出/etc/passwd 的内容到屏幕上。

```
less /etc/passwd
```

2.3.11 文件查看命令 more

1. 命令简介

more 命令会以一页一页的形式显示文档内容,类似于 cat 和 less 命令,方便使用者逐页阅读。最基本的命令就是按一下空格键就转到下一页,按 B 键就会往上一页显示,并且还附带搜寻字串的功能。

2. 命令语法

```
more [-dlfpcsu] [-num] [+/ pattern] [+ linenum] [filename...]
```

-num:一次显示的行数。

+/pattern:在每个文档显示前搜寻该字串(pattern),然后从该字串前两行之后开始显示。

+linenum:从第几行开始显示。

filename:文件名,可以为多个文件。

3. 命令参数

命令参数见表 2.3.11。

表 2.3.11 more 命令参数

参　　数	作　　用
-c	从顶部清屏,然后显示
-d	显示帮助而不是响铃
-l	忽略"Ctrl+l"(换页)字符
-p	清除窗口,然后显示文本,不滚动
-s	把连续的多个空行显示为一行
-u	把文件内容中的下划线去掉

4. 命令实例演示

（1）显示/etc/passwd 中从第三行起的内容。

```
more +3 /etc/passwd
```

（2）显示/etc/passwd 内容且每屏显示 5 行。

```
more -5 /etc/passwd
```

（3）显示 doc.txt 内容并把连续的多个空行显示为一行。

```
more -s doc.txt
```

（4）显示文件 docfile 的内容。

```
more -dc docfile
```

2.3.12 文件查看命令 tail

1. 命令简介

tail 命令用于显示文件中的尾部内容。

tail 命令默认在屏幕上显示指定文件的末尾 10 行内容。

2. 命令语法

```
tail [option] file
```

option：tail 命令的选项。

file：指定显示尾部内容的文件。

3. 命令参数

命令参数见表 2.3.12。

表 2.3.12 tail 命令参数

参数	作用
-c	输出文件尾部指定个数的字节内容
-n	输出文件尾部指定行数的内容
-q	当有多个文件参数时，不输出各个文件名
-v	当有多个文件参数时，总是输出各个文件名

4. 命令实例演示

（1）显示/etc/passwd 中后五行的内容。

```
tail -5 /etc/passwd
```

（2）显示/etc/passwd 中后八行的内容。

```
tail -n 8 /etc/passwd
```

2.3.13 文本过滤命令 grep

1. 命令简介

grep 命令是强大的文本搜索工具，它使用正则表达式搜索文本，并把匹配的行显示出来。

2. 命令语法

```
grep [option] pattern file
```

option：grep 命令的选项。
pattern：匹配模式。
file：指定进行匹配的文件。

3. 命令参数

命令参数见表 2.3.13。

表 2.3.13 grep 命令参数

参 数	作 用
-c	统计符合要求的行数
-v	反向选取，只显示不符合模式的行
-o	只显示被模式匹配到的字符串，而不是整行
-i	匹配时不区分大小写
-n	在行首显示行号
--color	以特定颜色高亮显示匹配关键字

4. 命令实例演示

（1）将/etc/passwd 文件中以 root 开头的行显示到屏幕。

```
grep '^root' /etc/passwd
```

（2）统计系统中有多少用户不能登录系统。

```
grep -c 'nologin' /etc/passwd
```

（3）将/etc/profile 文件中不包含 then 的行显示到屏幕，并显示行号。

```
grep -nv 'then' /etc/profile
```

2.4 目录管理命令

目录是 Linux 系统的基本组成单元，一般用于存放文件。目录管理包括复制、删除、修改、移动等。本节主要介绍 Linux 系统中目录管理的相关命令。

2.4.1 显示当前工作目录命令 pwd

1. 命令简介

pwd 命令会显示出当前工作目录，也就是当前用户所在的目录。

2. 命令语法

```
pwd [option]
```

option：pwd 命令的选项。

3. 命令参数

命令参数见表 2.4.1。

表 2.4.1 pwd 命令参数

参数	作用
-L	使用环境变量汇总的 pwd，即使其中包含符号链接
-P	避免所有符号链接
--help	显示帮助信息并退出
--version	显示版本信息并退出

4. 命令实例演示

查看当前所在目录，操作如图 2.4.1 所示。

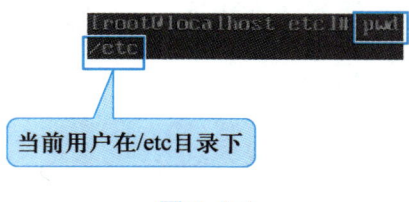

图 2.4.1

2.4.2 建立目录命令 mkdir

1. 命令简介

mkdir 命令用来创建目录。

2. 命令语法

mkdir [option] directory

option：mkdir 命令的选项。

directory：mkdir 命令创建的目录名也可以包含路径。

3. 命令参数

命令参数见表 2.4.2。

表 2.4.2 mkdir 命令参数

参　　数	作　　用
-m	设定权限<模式>
-p	递归创建多级目录
-v	每次创建新目录都显示信息
--help	显示帮助信息并退出
--version	输出版本信息并退出

4. 命令实例演示

（1）在当前目录下新建目录 abc 目录。

mkdir abc

（2）查看 mkdir 命令的版本信息。

mkdir -version

2.4.3 删除目录命令 rmdir

1. 命令简介

rmdir 命令用来删除空目录。

2. 命令语法

rmdir [option] directory

option：rmdir 命令的选项。
directory：需要删除的空目录。

3. 命令参数

命令参数见表 2.4.3。

表 2.4.3 rmdir 命令参数

参 数	作 用
-p	递归删除目录
-v	显示命令的详细执行过程
--help	显示命令的帮助信息
--version	显示命令的版本信息
--ignore-fail-on-non-empty	忽略由目录非空产生的所有错误

4. 命令实例演示

（1）删除/opt 目录下的空 abc 目录。

rmdir /opt/abc

（2）删除/opt 目录下的 abc 目录和其子目录。

rmdir -p /opt/abc

（3）删除/opt 目录下的 abc 目录和其子目录，并显示命令的详细执行过程。

rmdir -pv /opt/abc

2.4.4 改变工作目录命令 cd

1. 命令简介

cd 命令用于进入目录。

2. 命令语法

cd [option] directory

option：cd 命令的选项。

directory：需要进入的目录。

3. 命令参数

命令参数见表 2.4.4。

表 2.4.4　cd 命令参数

参　　数	作　　用
-P	如果目标是一个符号链接，则切换到符号链接指向的目录
-L	如果目标是一个符号链接，则切换到符号链接文件的目录

4. 命令实例演示

（1）进入/etc 目录，如图 2.4.2 所示。

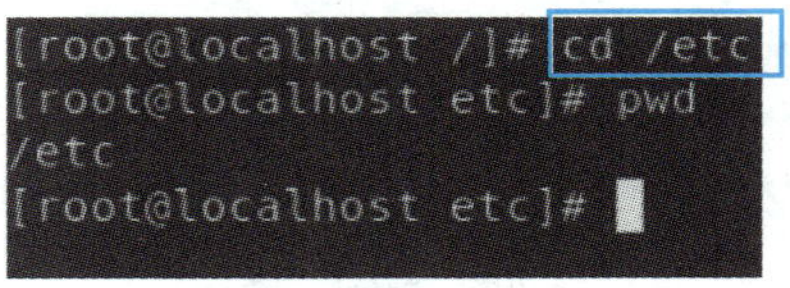

图 2.4.2

（2）回到用户主目录，如图 2.4.3 所示。

图 2.4.3

（3）回到上一级目录，如图 2.4.4 所示。

图 2.4.4

2.4.5 查看工作目录命令 ls

1. 命令简介

ls 命令不仅可以查看 Linux 系统中的文件和目录，还可以查看文件或目录的详细信息。

2. 命令语法

ls [option] file

option：ls 命令的选项。
file：ls 命令的目标目录或文件。

3. 命令参数

命令参数见表 2.4.5。

表 2.4.5 ls 命令参数

参　　数	作　　用
-a	列出目录下的所有文件，包括以 . 开头的隐含文件
-A	同-a，但不列出"."和".."
-i	显示每个文件的 inode 号
-k	以 KB 的形式表示文件的大小
-l	将文件的权限、所有者、文件大小等信息详细列出来

4. 命令实例演示

列出/etc 目录下所有文件的详细信息，如图 2.4.5 所示。

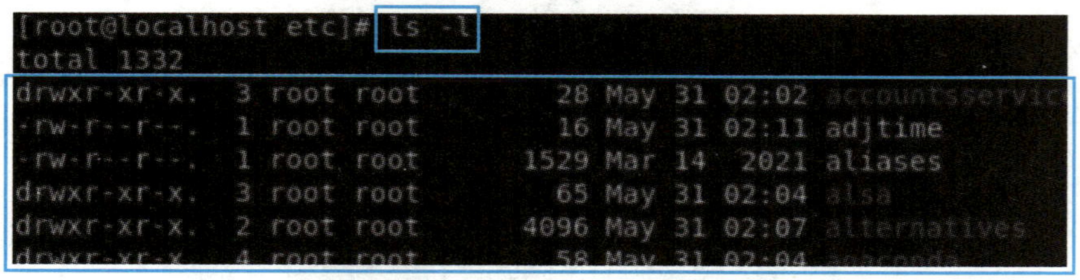

图 2.4.5

图 2.4.5 的输出结果分为 7 段，每段都有不同的含义，下面简单介绍一下每一段的含义，见表 2.4.6。

表 2.4.6 ls 命令输出内容解析

参　数	作　用
字段 1	文件类型和权限
字段 2	链接数，1 表示只有一个文件链接到此文件
字段 3	文件所有者
字段 4	文件所属组
字段 5	文件大小，单位字节
字段 6	文件最后一次被修改的日期
字段 7	文件名

2.4.6 查看目录树 tree

1. 命令简介

使用 tree 命令以树状图递归的形式显示各级目录，可以方便地看到目录结构。

2. 命令语法

tree［option］directory

option：tree 命令的选项。
directory：所需解析的目录。

3. 命令参数

命令参数见表 2.4.7。

表 2.4.7 tree 命令参数

参　数	作　用
-a	显示所有文件和目录
-C	为文件和目录清单加上色彩，便于区分各种类型
-D	列出文件或目录的更改时间
-f	在每个文件或目录之前，显示相对路径名称
-d	显示目录名称而非内容

4. 命令实例演示

（1）显示/etc 目录下个各级目录及文件，如图 2.4.6 所示。

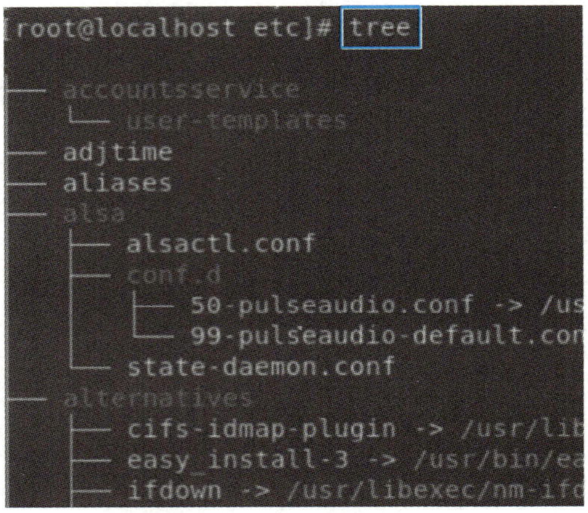

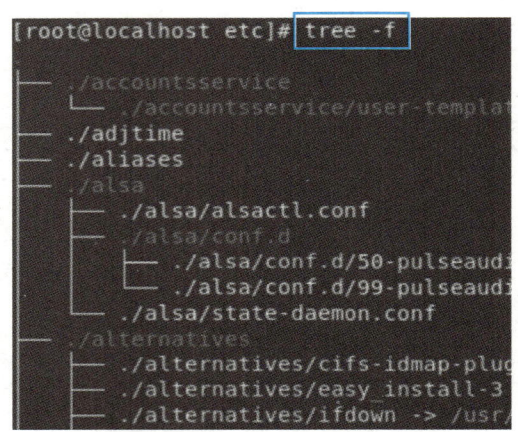

图 2.4.6

（2）在/etc 目录下每个文件或目录之前，显示完整的相对路径名称，如图 2.4.7 所示。

图 2.4.7

2.4.7 打包与解包文件命令 tar

1. 命令简介

tar 命令用于将文件打包或解包，扩展名一般为 ".tar"。指定的特定参数可以调用 gzip 或者 bzip2 制作压缩包或解开压缩包，扩展名为 ".tar.gz" 或 ".tar.bz2"。

2. 命令语法

tar [option] tarfile tarsourcefile

option：tar 命令的选项。

tarfile：打包之后的文件名，如 file.tar。

tarsourcefile：需要打包的源文件。

3. 命令参数

命令参数见表 2.4.8。

表 2.4.8　tar 命令参数

参　　数	作　　用
-c	建新的压缩包
-v	处理过程中输出的相关信息
-x	解压压缩包
-z	调用 gzip 来归档文件，与"-x"联用时调用 gzip 完成解压缩
-j	调用 bzip2 压缩或解压

4. 命令实例演示

（1）将/etc 打包到/tmp/etc.tar（只打包不压缩）。

tar -cvf /tmp/etc.tar /etc

（2）将/etc 打包到/tmp/etc.tar.gz（打包并使用 gzip 压缩文件）。

tar -zcvf /tmp/etc.tar.gz /etc

（3）解压/tmp/etc.tar.gz 到当前目录。

tar -zxvf /tmp/etc.tar

2.4.8　压缩和解压缩命令 zip/unzip

1. 命令简介

zip 命令是 Linux 系统下广泛使用的压缩程序，文件压缩后扩展名为".zip"。

2. 命令语法

zip [option] zipsourcefile zipdestfile

option：zip 命令的选项。

zipsourcefile：压缩后的文件名。

zipdestfile：打包的目录路径。

3. 命令参数

命令参数见表 2.4.9。

表 2.4.9 zip 命令参数

参　　数	作　　用
-o	覆盖已存在文件且不要求用户确认
-d	把压缩文件解压到指定目录下
-m	将文件压缩后，删除源文件
-v	查看文件目录，但不解压缩
-r	将指定的目录下的所有子目录及文件一起处理

4. 命令实例演示

（1）将当前文件夹压缩成 file_backup.zip。

```
zip -r file_backup.zip .
```

（2）将 file_backup.zip 文件解压缩到 /data/backup 文件夹中。

```
unzip file_backup.zip -d /data/backup
```

2.4.9 压缩和解压缩命令 gzip

1. 命令简介

gzip 命令用于压缩文件。任何文件经过 gzip 工具压缩后，文件会多出一个".gz"后缀。gzip 命令对文本文件有 60%~70% 的压缩率。

2. 命令语法

```
gzip [option] file
```

option：gzip 命令的选项。
file：要压缩的文件。

3. 命令参数

命令参数见表 2.4.10。

表 2.4.10 gzip 命令参数

参　　数	作　　用
-c	保留源文件
-d	解压".gz"文件
-v	显示操作详细信息
-l	列出压缩文件详细信息
-h	在线帮助

4. 命令实例演示

(1) 将 temp 压缩成 temp.gz。

```
gzip -c temp > temp.gz
```

(2) 将 temp.gz 文件解压缩。

```
gzip -d temp.gz
```

2.5 系统管理命令

大家在使用系统的过程中,经常会对系统进行一些设置,如修改系统的时间、添加环境变量、关闭或重新启动计算机等操作。本节主要介绍系统管理相关的命令。

2.5.1 帮助命令 man

1. 命令简介

使用 man 命令用于调出其他命令的帮助信息。

2. 命令语法

```
man [option] command
```

option:man 命令的选项。

command:所需要查询帮助的命令。

3. 命令参数

命令参数见表 2.5.1。

表 2.5.1 man 命令参数

参　　数	作　　用
-a	在所有的 man 手册中搜索
-f	显示给定关键字的简短描述信息
-P	指定内容时使用分页程序
-M	指定 man 手册搜索路径

4. 命令实例演示

查看 ls 命令的详细用法。

man ls

2.5.2 查看历史记录命令 history

1. 命令简介

在当前终端命令行输入并执行命令时，Linux 会自动把命令记录到历史列表中。一般保存在用户 HOME 目录下的".bash_history"文件中，默认可保存 1 000 条。

history 命令不仅是查看历史命令，还是相关的功能执行命令。

2. 命令语法

history [option]

option：history 命令参数的选项。

3. 命令参数

命令参数见表 2.5.2。

表 2.5.2 history 命令参数

参数	作用
-n	列出最近输入的指定条数的命令
-c	将目前 Shell 中的所有 history 内容全部清除
-a	将目前新增的命令加入 histfiles 中，若没有 histfiles，则预设写入 ~/.bash_history
-r	将 histfiles 的内容读到目前这个 Shell 的 history 记忆中

4. 命令实例演示

查看最近输入的 10 条命令，如图 2.5.1 所示。

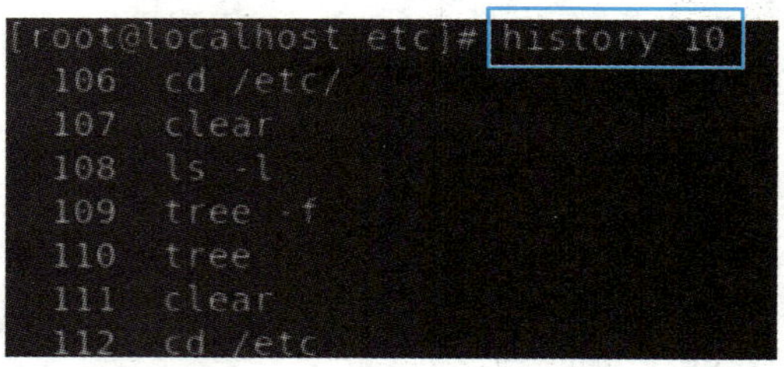

图 2.5.1

2.5.3 显示和修改时间命令 date

1. 命令简介

date 命令的功能是显示或设置系统的日期和时间。只有超级用户才能使用 date 命令设置时间，普通用户只能使用 date 命令查看时间。

2. 命令语法

```
date [option] time
```

option：date 命令的选项。
time：所需要设置的具体时间。

3. 命令参数

命令参数见表 2.5.3。

表 2.5.3　date 命令参数

参　数	作　用
-s	设置"datestr"的日期，将系统时间设为"datestr"中所设定的时间
-d	显示"datestr"中所设定的时间（非系统时间）
-r	显示文件最后的修改时间

4. 命令实例演示

（1）显示系统当前时间，如图 2.5.2 所示。

```
[root@localhost /]# date
Mon Jul 18 22:38:44 EDT 2022
```

图 2.5.2

（2）设置系统时间为 2013 年 5 月 30 日，如图 2.5.3 所示。

```
[root@localhost /]# date -s 20130530
Thu May 30 00:00:00 EDT 2013
```

图 2.5.3

2.5.4 显示系统内存状态 free

1. 命令简介

free 命令会显示内存的使用情况，包括实体内存、虚拟的交换文件内存、共享内存区段，以及系统核心使用的缓冲区等。

2. 命令语法

```
free [option]
```

option：free 命令的选项。

3. 命令参数

命令参数见表 2.5.4。

表 2.5.4　free 命令参数

参　　数	作　　用
-b	以 B 为单位显示内存使用情况
-k	以 KB 为单位显示内存使用情况
-m	以 MB 为单位显示内存使用情况
-s	间隔数秒，持续观察内存使用情况

4. 命令实例演示

以 MB 为单位查看系统内存资源占用情况，如图 2.5.4 所示。

```
[root@localhost /]# free -m
              total        used        free      shared  buff/cache   available
Mem:           7767        1205        4799          25        1762        6284
Swap:          8087           0        8087
```

图 2.5.4

（1）Mem：表示物理内存统计。这台机器的物理内存为 8 000 MB。

- total：7767 表示系统内存总量为 7 767 MB。
- used：1205 表示已用内存大小为 1 205 MB。
- free：4799 表示未被分配的内存大小为 4 799 MB。
- shared：25 表示共享内存为 25 MB。
- buff/cache：1762 表示系统分配但未被使用的 buffer 和 cache 数量为 385 MB。
- available：6284 表示可用的内存大小为 6 284 MB。

（2）Swap：表示交换分区的使用情况。如剩余空间较小，需要留意当前系统内存使用情况及负载。

- total：8087 表示交换分区的大小为 8 087 MB。
- used：0 表示当前使用的交换分区大小为 0 MB。
- free：8087 表示当前未被分配的交换分区大小为 8 087 MB。

2.5.5 关机和重启命令 shutdown

1. 命令简介

shutdown 命令用于将系统关机。

2. 命令语法

> shutdown［option］

option：shutdown 命令的选项。

3. 命令参数

命令参数见表 2.5.5。

表 2.5.5　shutdown 命令参数

参　　数	作　　用
-t	指定延迟关机或重启的时间
-r	重启计算机
-h	关机后关闭电源
-time	设定关机的时间

4. 命令实例演示

（1）立即关机。

> shutdown -h now

（2）指定 10 min 后关机。

> shutdown -h 10

（3）重新启动计算机。

> shutdown -r now

2.5.6 重启系统命令 reboot

1. 命令简介

reboot 命令用于重启系统。

2. 命令语法

> reboot［option］

reboot：reboot 命令的选项。

3. 命令参数

命令参数见表 2.5.6。

表 2.5.6 reboot 命令参数

参　　数	作　　用
-n	在重启之前不执行磁盘选项
-w	做一次重启模拟，并不会真的重新启动
-i	在重新开机之前先把所有网络相关的装置停止
-f	强制重新开机

4. 命令实例演示

重新启动系统。

```
reboot
```

2.6 文本编辑器

在使用系统的时候经常会需要编辑文本文件，Linux 系统根据不同的发行版本提供了很多文本编辑器，如 vi、vim、nano 等。熟练掌握使用文本编辑器可以提高学习和工作的效率。本节主要介绍 vi 编辑器的使用。

2.6.1 vi 编辑器的基本使用

vi 工具是 Linux 系统中常用的文本编辑器，vi 工作模式主要有命令行模式和文本编辑模式两种，可以通过 Esc 键来切换这两种模式。

使用 vi 编辑器时，可以在终端窗口中输入 vi 加上要编辑的文件名来编辑所要修改的文件。如编辑 file1 文件，在终端窗口中输入"vi file1"命令即可，操作如图 2.6.1 所示。

```
[root@localhost /]# vi file1
```

图 2.6.1

2.6.2 vi 编辑器的工作模式

1. 命令行模式

该模式是进入 vi 编辑器后的默认模式。在命令行模式下，输入的任何字符都被作为编辑命令来解释。若输入的字符是合法的 vi 命令，则 vi 在接收用户命令之后完成相应的动作。图 2.6.2 展示了编辑 file1 文件的命令行模式。

图 2.6.2

2. 文本编辑模式

在命令行模式下输入插入命令"i"、附加命令"a"、打开命令"o"、修改命令"c"、取代命令"r"或替换命令"s"都可以进入文本编辑模式。在该模式下，用户输入的任何字符都将被 vi 作为文件内容保存起来，并将其显示在屏幕上。在文本输入过程中，若想回到命令模式下，按 Esc 键即可。图 2.6.3 显示了 file1 文件在文本编辑模式下的状态。

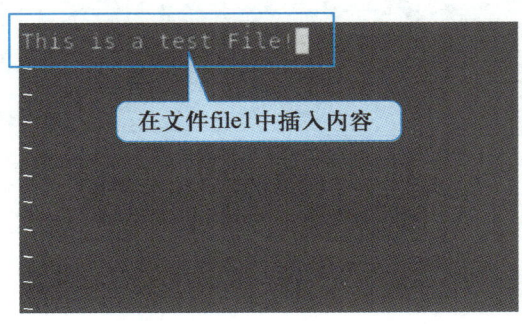

图 2.6.3

3. 末行模式

末行模式也称为 ex 转义模式，用于退出 vi 编辑器。在命令行模式下，用户按":"键即可进入末行模式。此时 vi 会在显示窗口的最后一行（通常也是屏幕的最后一行）显示一个":"作为末行模式的说明符，等待用户输入命令。多数文件管理命令都是在此模式下执行的。末行命令执行完后，vi 自动回到命令行模式。

在 vi 可视化模式（visual mode）下可以选择一块编辑区域，然后对选中的文件内容执行插入、删除、替换、改变大小写等操作，这是 vi 使用过程中出现非常频繁的一种模式。在 vi 命令行模式下，按 v、V 或 Ctrl+v（组合键）都可进入可视化模式，各模式介绍如下。

（1）字符选择模式：在命令行模式下按小写 v 进入，可选中光标经过的所有字符，如图 2.6.4 所示。

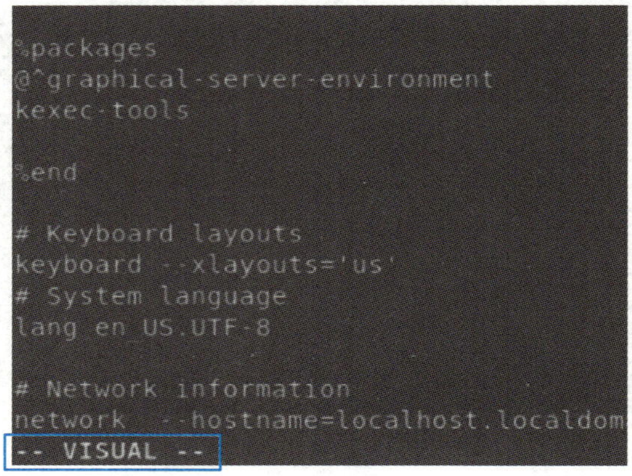

图 2.6.4

（2）行选择模式：在命令行模式下按大写 V 进入，可选中光标经过的所有行，如图 2.6.5 所示。

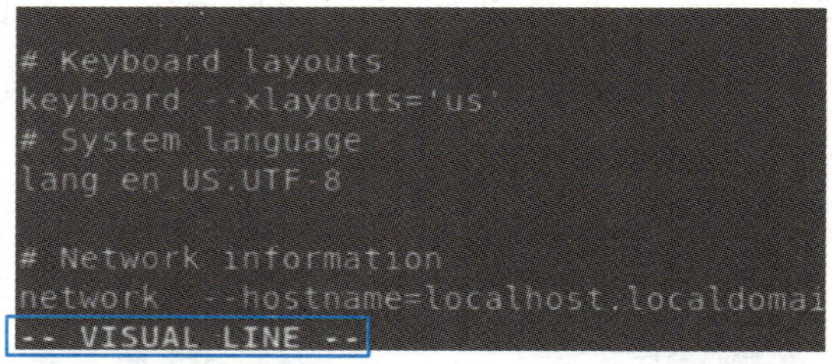

图 2.6.5

（3）块选择模式：在命令行模式下按 Ctrl+v 进入，可选中整个矩形框中的所有文本，如图 2.6.6 所示。

如果要从命令行模式转换到文本编辑模式，可以输入命令"a"或者"i"。如果需要从文本编辑模式返回，则按 Esc 键即可。

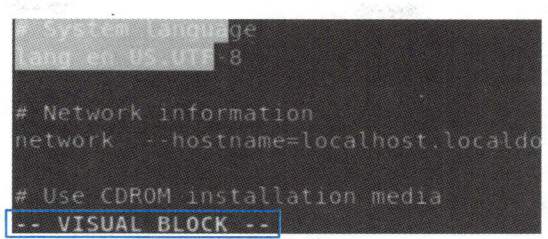

图 2.6.6

2.6.3 内容输入

当需要输入文本时，必须切换到插入模式，可以用以下命令来实现不同的插入。

1. 增加（"append"对应快捷键为"a"和"A"）

"a"表示从光标所在位置后开始输入内容，光标后的文本随增加的文本内容向后移动，如图 2.6.7 所示。

图 2.6.7

"A"表示从光标所在行的行末开始输入内容，如图 2.6.8 所示。

图 2.6.8

2. 插入（"insert"对应快捷键为"i"）

"i"表示从光标所在位置的前面开始插入内容，光标后的内容随新增内容向后移动，如图 2.6.9 所示。

图 2.6.9

3. 开始（"open"对应快捷键为"o"和"O"）

"o"表示在光标所在行下方新增一行并进入输入模式，如图 2.6.10 所示。

图 2.6.10

"O"表示在光标所在行上方新增一行并进入输入模式,如图 2.6.11 所示。

图 2.6.11

2.6.4 移动光标

命令行模式和输入模式下移动光标的基本命令是"h""j""k""l"。当然也可以直接用键盘上的方向键来做移动。此外 vi 还提供更多的光标移动方式,见表 2.6.1。(**注意**:这些命令只能在命令行模式下使用)

表 2.6.1　vi/vim 光标移动命令

命　令	含　义
0(零)	移动光标到所在行的最前面
$	移动光标到所在行的最后面
H	移动到窗口的第一行
M	移动到窗口的中间行
L	移动到窗口的最后行
[Ctrl]+[d]	向下半页
[Ctrl]+[f]	向下一页
[Ctrl]+[u]	向上半页
[Ctrl]+[o]	向上一页

2.6.5 复制与粘贴

在 vi 中,复制、剪切、粘贴分别用了三套不同的命令行来实现。实现方式见表 2.6.2。(**注意**:这些命令必须要在命令行模式下使用)

表 2.6.2 vi/vim 复制、剪切、粘贴命令

命 令	含 义
y	可以使用[num]y，其中[num]表示需要复制行数来复制内容，例如，要复制 5 行的内容可以使用"5y"
yy	复制一整行
y^	复制当前到行头的内容
y$	复制当前到行尾的内容
yw	复制一个单词（[num]yw，复制[num]个单词，[num]为数字）
d	剪切选定块到缓冲区
dd	剪切整行
d^	剪切至行首
d$	剪切至行尾
dw	剪切一个字符
dG	剪切至文档尾
p	小写"p"代表粘贴至光标后
P	大写"P"代表粘贴至光标前

2.6.6 删除与修改

在 vi 中，输入与编辑有所不同。编辑是在命令行模式下进行的，先利用命令移动光标定位到要进行编辑的地方，然后再使用相应的命令进行编辑，而输入是在插入模式下进行的，常用的编辑命令见表 2.6.3。（**注意**：这些命令只能在命令行模式下使用）

表 2.6.3 vi/vim 删除、修改命令

命 令	含 义
x	删除光标所在字符
r	修改光标所在字符，"r"后是要修正的字符
R	进入替换状态，输入的文本会覆盖原先的资料，直到按 Esc 键回到命令行模式下为止
s	删除光标所在字符，并进入输入模式
S	删除光标所在行，并进入输入模式
cc	修改整行文字
u	撤销上一次操作
.	重复上一次操作

2.6.7 查找与替换

在 vi 中查找与替换的参数说明见表 2.6.4。(**注意**：这些命令只能在命令行模式下使用)在命令行模式中输入":"，并在后面跟上相应的命令来实现不同的功能。

表 2.6.4 vi/vim 查找、替换命令

命 令	含 义
:/string	查找 string，并将光标移动到 string 所在位置
:?string	将光标移动到最近一个包含 string 字符串的行
:n	把光标定位到文件第 n 行
:s/string1/string2/	string2 替换掉在行首出现的 string1
:s/string1/string2/g	string2 替换所在行中所有的 string1
:m,n s/string1/string2/g	string2 替换掉第 m 行到第 n 行中的所有 string1
:.,m s/string1/string2/g	string2 替换掉光标所在的行到第 m 行中的所有 string1
:n,$ s/string1/string2/g	string2 替换掉第 n 行到文档结束中所有的 string1
:%s/string1/string2/g	string2 替换掉全文中的 string1

2.6.8 保存文档

在 vi 中保存文档的参数说明见表 2.6.5。(**注意**：这些命令只能在命令行模式下使用)

表 2.6.5 vi/vim 保存命令

命 令	含 义
:q	不保存退出
:q!	放弃当前所有输入强制退出
:w	只保存不退出
:x	保存更改并退出
:wq	保存并退出

项 目 测 试

1. 选择题

（1）查看目录下面所有的文件所使用的命令是（　　）。

  A．ls

  B．list

  C．cd

  D．ln

（2）命令 cd - 和 cd ~ 的作用分别是（　　）。

  A．进入用户主目录和进入上一个目录

  B．进入用户主目录和进入当前目录

  C．进入上一个目录和进入当前目录

  D．进入上一个目录和进入用户主目录

（3）可以一次显示一个屏幕内容的命令是（　　）。

  A．cat

  B．head

  C．more

  D．grep

（4）删除非空目录/home/test 时使用的命令是（　　）。

  A．delete /home/test

  B．rm -f /home/test

  C．rm -R /home/test

  D．mv /home/test /tmp

（5）关于压缩和归档，说法错误的是（　　）。

  A．gzip 产生的压缩文件后缀是 gz

  B．tar 可以对文件进行压缩

  C．bzip2 可以对目录进行归档

  D．tar 可以对目录进行归档

（6）使用 tail -fn 100 result.log 的效果是（　　）。

  A．如果 result.log 大于 100 行，输出末尾 100 行，并退出

B. 如果 result.log 少于 100 行，输出所有行，并退出

C. 如果 result.log 少于 100 行，输出所有行，并将文件后续追加输入行输出，直到 100 行再退出

D. 如果 result.log 少于 100 行，输出所有行，并持续将文件后续追加输入行输出

（7）下列关于文件系统描述错误的是（　　）。

  A. 由目录和文件组成

  B. 一切皆文件

  C. 每一个文件只有一个绝对路径

  D. 每个文件只有一个相对路径

（8）Shell 执行多个命令的方式中，正确的是（　　）。

  A. 使用分号分隔的两个命令，第一个命令执行结果不会影响第二命令的执行

  B. 使用 "&&" 连接的两个命令，只有第一个执行成功才会执行第二个

  C. 使用 "‖" 连接的两个命令，只有第一个执行失败才会执行第二个

  D. 以上都对

（9）下面不是 Shell 的是（　　）。

  A. bash

  B. zsh

  C. ksh

  D. vim

（10）下面关于压缩和解压缩说法中正确的是（　　）。

  A. "tar -zxvf a.tgz /home/a" 命令将 /home/a 目录进行压缩归档，并生成 a.tgz 文件

  B. "tar -zcvf a.tgz" 命令将 a.tgz 文件进行解压缩到当前文件

  C. tar 不能够进行 gzip 压缩

  D. 以上都不正确

（11）复制文件所用的命令是（　　）。

  A. copy

  B. mv

  C. cp

  D. ctrl-c

（12）可以创建一个文件的命令是（　　）。

  A. vim

  B. touch

C. gedit

D. 以上都是

(13) 关于 Shell 的说法正确的是（　　）。

　　A. Shell 是一个命令行解释器

　　B. Shell 是一个脚本语言

　　C. 在 Shell 中执行一个命令会启动一个新的进程

　　D. 以上都对

(14) 查看当前目录所有文件和文件夹大小的命令是（　　）。

　　A. du -f

　　B. du -h

　　C. df -h

　　D. du -m

(15) 不分页查看文件 test.txt 的命令是（　　）。

　　A. less test.txt

　　B. more test.txt

　　C. cat test.txt

　　D. echo test.txt

(16) 查看 test.txt 文件中每行以数字开头的命令是（　　）。

　　A. grep "[0-9]*" test.txt

　　B. grep "$[0-9]" test.txt

　　C. grep "^[0-9]" test.txt

　　D. grep "*[0-9]*" test.txt

(17) 不是创建空文件 test.txt 的命令是（　　）。

　　A. > test.txt

　　B. touch test.txt

　　C. mkdir test.txt

　　D. :> test.txt

(18) 查看显示当前目录下的隐藏文件的命令是（　　）。

　　A. ls -n

　　B. ls -r

　　C. ls -l

　　D. ls -a

(19) 在 vi 编辑器中删除整行文本的命令是（　　）。

A. yy

B. ll

C. pp

D. dd

（20）删除光标所在行到最后一行所有数据的命令是（　　）。

A. d1G

B. Dd

C. dgg

D. dG

2. 操作题

（1）使用 pwd 命令查看当前所在的目录。

（2）使用 ls 命令列出此目录下的文件和目录。

（3）使用-a 选项列出此目录下包括隐藏文件在内的所有文件和目录。

（4）使用 man 命令查看 ls 命令的使用手册。

（5）在当前目录下创建测试目录/test。

（6）利用 ls 命令列出文件和目录，确认/test 目录创建成功。

（7）进入 test 目录，利用 pwd 命令查看当前工作目录。

（8）利用 touch 命令，在当前目录创建一个新的空文件 newfile。

（9）利用 cp 命令复制系统文件/etc/profile 到当前目录下。

（10）复制文件 profile 到一个新文件 profile.bak，作为备份。

项目3 Linux文件系统与磁盘管理

不管是 Linux 系统还是 Windows 系统，文件系统都是非常重要的基本单元。文件系统一般用于存储文件、目录的相关信息。在 Linux 文件系统中，所有的文件和目录都放在"/"目录下，包括系统和硬件设备文件。通过本项目的学习，可以了解 Linux 文件系统和磁盘管理相关的知识，学会对 Linux 磁盘进行分区和格式化，学会创建和管理磁盘阵列。

从本项目可以学习到：

- ◆ Linux 系统文件的分类。
- ◆ Linux 系统文件属性与权限。
- ◆ Linux 系统分区。
- ◆ 磁盘管理命令。
- ◆ Linux 系统的磁盘冗余阵列。

3.1 文件系统概述

在 Linux 系统中,所有的系统资源都被作为文件来管理,并保存在目录下,而且文件名区分大小写。本节主要介绍文件的相关属性。

3.1.1 文件类型

Linux 系统是一种多用户系统,不同的用户拥有不同的权限。为了更好地保护系统的安全,Linux 系统对不同用户访问同一文件的权限做了不同的规定。可以对不同文件进行配置,使得不同用户拥有不同的权限。

在终端窗口中输入"ls -l"命令,可以查看文件或者目录的各项参数。图 3.1.1 中第一个字符表示文件类型。

图 3.1.1

表 3.1.1 列出了所有文件类型以及对应的文件属性。

表 3.1.1 文 件 类 型

文 件 属 性	文 件 类 型
-	常规文件
d	目录
b	block device 即块设备文件,如硬盘、闪存等
c	character device 即字符设备文件
l	symbolic link 即符号链接文件,又称软链接文件
p	pipe 即命名管道文件
s	socket 即套接字文件,用于实现两个进程进行通信

图 3.1.2 中第二到第四个字符表示用户的权限。

图 3.1.2

图 3.1.3 中第五到第七个字符表示组的权限。

```
[root@localhost etc]# ls -l file1
-rw-r--r--. 1 root root 21 May 30 05:30 file1
```

图 3.1.3

图 3.1.4 中第八到第十个字符表示其他用户的权限。

```
[root@localhost etc]# ls -l file1
-rw-r--r--. 1 root root 21 May 30 05:30 file1
```

图 3.1.4

图 3.1.5 中"1"表示硬件链接数量。

```
[root@localhost etc]# ls -l file1
-rw-r--r--. 1 root root 21 May 30 05:30 file1
```

图 3.1.5

图 3.1.6 中框内部分表示所有者，也就是文件属于哪个用户。

```
[root@localhost etc]# ls -l file1
-rw-r--r--. 1 root root 21 May 30 05:30 file1
```

图 3.1.6

图 3.1.7 中框内部分表示文件所属的组。

```
[root@localhost etc]# ls -l file1
-rw-r--r--. 1 root root 21 May 30 05:30 file1
```

图 3.1.7

图 3.1.8 中框内部分表示文件的大小，可以通过不同的参数来显示不同的格式，如kb/mb/gb。

```
[root@localhost etc]# ls -l file1
-rw-r--r--. 1 root root 21 May 30 05:30 file1
```

图 3.1.8

图 3.1.9 中框内部分表示文件的修改时间。

```
[root@localhost etc]# ls -l file1
-rw-r--r--. 1 root root 21 May 30 05:30 file1
```

图 3.1.9

图 3.1.10 中框内部分表示文件名或者目录名。

图 3.1.10

3.1.2 文件的属性与权限

为了保证系统的安全性，Linux 对文件赋予了三种属性：读、写和执行。

在 Linux 系统中每个文件都有唯一的属主。同时，Linux 系统中的用户可以属于同一个组，通过权限位的控制定义每个文件的属主。同组用户和其他用户对该文件具有不同的读、写和执行权限，权限具体表示如下。

（1）读权限：对应标识为"r"，表示具有读取文件或目录的权限。

（2）写权限：对应标识为"w"，用户可以对文件进行写入操作，也可进行更改操作，如删除、移动等。

（3）执行权限：对应标识为"x"，可执行文件，如 C 语言程序编译好的可执行文件需要有执行权限才能运行。对于目录而言，可执行权限表示其他用户可以进入此目录，如果没有可执行权限，则其他用户不能进入此目录。

在 Linux 系统中文件权限标志位由三部分组成，如图 3.1.11 中 file2 文件权限所示。

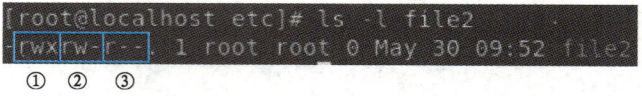

图 3.1.11

图中①中的"rwx"表示文件属主具有读、写和执行的权限；②中的"rw-"表示与属主属于同一组的用户具有读和写的权限；③中的"r--"表示其他用户对该文件具有读权限。

权限也可以使用数字来表示：4 代表"r"；2 代表"w"；1 代表"x"。

假设有一个文件的权限为"-rwxrwxrwx"，则表示该文件具有最高的权限，对应的数字表示方式为"777"，表示任何用户都可以读写和执行此文件。

3.1.3 改变文件所有者

任何一个文件属于特定的用户或者组，要更改文件的属主或属组可以使用 chown 和 chgrp 命令。

1. chown 命令

（1）命令简介。

chown 命令可以修改文件的属主和属组，但是只有 root 用户或拥有该文件的用户可以执行此操作。

（2）命令语法。

```
chown user:group file
```

user：文件所属用户。

group：文件所属的组。

file：需要修改的文件。

（3）命令参数见表 3.1.2。

表 3.1.2 chown 命令参数

参　　数	说　　明
-f	若该文件拥有者无法被更改，也不显示错误信息
-h	只对链接（link）进行变更，而非该链接真正指向的文件
-v	显示命令执行过程
-c	当发生改变时输出调试信息，仅显示更改的信息
-R	对目前目录下的所有文件与子目录进行相同的拥有者变更（即以递回的方式逐个变更）

（4）命令实例演示。

① 将 file1.txt 文件的拥有者设置为 linux1，所属组设置为 linux2。

```
chown linux1:linux2 file1.txt
```

② 将 file 目录下的所有文件与子目录的拥有者都设置为 linux1，所属组设置为 linux2。

```
chown -R linux1:linux2 file
```

2. charp 命令

（1）命令简介。

charp 命令用于改变指定文件或目录所属的组。

（2）命令语法。

```
charp [option] file
```

option：修改的参数。

file：需要修改的文件。

（3）命令参数见表 3.1.3。

表 3.1.3　charp 命令参数

参　　数	说　　明
-f	不显示错误信息
--help	显示帮助信息
-v	运行时显示详细的处理信息
-c	当发生改变时输出调试信息
-R	处理指定目录及其子目录下的所有文件

（4）命令实例演示。

① 将 file1.txt 文件由 root 组改为 users 组。

chgrp -v users file1.txt

② 将 file 目录及其子目录下的所有文件的组属性由 root 改变为 users。

chgrp -R users file

3.1.4　改变文件权限

改变文件权限使用 chmod 命令。

（1）命令简介。

chmod 命令是用来改变文件或目录权限的命令，可以将指定文件的拥有者改为指定的用户或组。只有文件的所有者 root 可以执行这个命令，普通用户不能将文件的拥有者改成别的用户。

可以通过以下方法来修改权限。

① 利用数字来更改文件权限："r" 对应数字 4，"w" 对应数字 2，"x" 对应数字 1，例如，一个文件具有读执行权限，可以写为 4+1=5。

② 利用通配符来修改权限："u" 表示文件所有者，"g" 表示文件所属组，"o" 表示所有人。

（2）命令语法。

chmod [option] file

option：权限参数。

file：需要修改的文件。

(3) 命令参数见表 3.1.4。

表 3.1.4 chmod 命令参数

参　　数	说　　明
-c	显示更改部分的信息
-f	忽略错误信息
-h	修复符号链接
-R	处理指定目录及其子目录下的所有文件
-v	显示详细的处理信息
--reference	以指定的目录或文件作为参考，把操作的文件或目录设成参考文件或目录相同的拥有者和组
--from	只有当前用户和组跟指定的用户和组相同时才进行改变
--help	显示帮助信息
--version	显示版本信息

(4) 命令实例演示。

① 为 file1.sh 文件的所有者添加可执行权限。

chmod u+x file1.sh

"u"表示文件所有者，"x"表示可执行权限，"+"表示添加权限。

② 设置其他用户不能读取 file1.sh 文件。

chmod o-r file1.sh

"o"表示所有人，"r"表示可读权限，"-"表示删除权限。

③ 采用数字方式修改 file2.txt 文件的权限。

chmod 775 file2.txt

第一个"7"表示所有者的权限为读、写和执行，第二个"7"表示属组的权限为读、写和执行，第三个"5"表示其他人的权限为读和执行。

3.2 磁盘管理

Linux 系统提供了丰富的磁盘管理命令，如对硬盘进行分区、对分区进行格式化、查看硬盘利用率等。

3.2.1 Linux 分区介绍

Windows 系统使用 C 盘、D 盘、E 盘标识符来标记硬盘分区，而 Linux 系统中则没有盘符的概念。Linux 系统中每一个硬件设备（硬盘、闪存等）都映射到系统的一个文件。IDE 接口设备在 Linux 系统中映射的文件以“hd”为前缀，SCSI 设备映射的文件以“sd”为前缀。具体的文件命名规则是以英文字母排序的，如系统中第一个 IDE 设备为“hda”，第二个为“hdb”。

“df -h”命令用来查看 Linux 系统的硬盘分区，如图 3.2.1 所示。

```
[root@localhost etc]# df -h
Filesystem              Size  Used Avail Use% Mounted on
devtmpfs                3.8G     0  3.8G   0% /dev
tmpfs                   3.8G     0  3.8G   0% /dev/shm
tmpfs                   3.8G   18M  3.8G   1% /run
tmpfs                   3.8G     0  3.8G   0% /sys/fs/cgroup
/dev/mapper/rl-root      48G  7.6G   40G  17% /
/dev/sda2              1014M  252M  763M  25% /boot
/dev/mapper/rl-home      24G  209M   23G   1% /home
/dev/sda1               599M  5.8M  594M   1% /boot/efi
tmpfs                   777M   28K  777M   1% /run/user/0
```

图 3.2.1

在对硬盘进行分区时，第一个分区的编号为 1，例如 sda1，第二个分区为 sda2，以此类推。

Linux 中最多只能创建 4 个主分区、一个扩展分区和多个逻辑分区。任何一个扩展分区都要占用一个主分区编号，主分区和扩展分区数量最多为 4 个。在进行系统分区时，主分区一般设置为激活状态，用于在系统启动时引导系统。在分区时每个分区的大小可以由用户自由指定。

Linux 分区格式与 Windows 不同，Windows 常见的分区格式有 FAT32、NTFS 等。而 Linux 常见的分区格式为 ext3、ext4 等。表 3.2.1 列出了 Linux 所支持的文件系统。

表 3.2.1 Linux 文件系统

文件系统	作用
ext4	是 Red Hat Enterprise Linux 6 的标准文件系统强大可靠，具有多项可以提高工作处理性能的功能
ext3	理论上最多支持 32 TB 的文件系统和 2 TB 的文件，实际只能容纳 2 TB 的文件系统和 16 GB 的文件
ext2	是常用于 Linux 中较旧的文件系统，简单可靠，适合小型存储设备，但是效率低

续表

文 件 系 统	作 用
vfat	支持一系列文件系统（VFAT/FAT16/FAT32），这些文件系统针对较旧版本的 Microsoft Windows 开发，在大量的系统和设备上可以使用
xfs	是 Red Hat Enterprise Linux 7 的标准文件系统，它具备数据完全、性能稳定、扩展性强（8 EB~1 B）、传输速率高（7 Gps）等优点

表 3.2.2 列出了 Linux 中常见的系统目录。

表 3.2.2　Linux 常见系统目录

目 录 名	作 用
/	根目录，存放系统命令和用户数据等
/boot	Linux 系统的启动分区
/home	存储用户的个人文件和设置，包括文档、音乐、视频、配置文件等
/tmp	存储临时文件，这些文件不需要长期保存，可以被系统随时删除
/var	不断变化的数据，一般用于存放服务数据
/opt	附加的软件包
/usr	存储 Linux 系统的大部分软件包和应用程序

在安装 Linux 系统时，如果采用手动分区，建议创建下列分区，见表 3.2.3。

表 3.2.3　Linux 推荐手动分区目录

目 录 名	作 用
/	根目录，必须挂载的目录
swap	容量一般为物理内存的 1.5~2 倍
/home	家目录，也就是用户目录，桌面、下载等内容都保存在这里
/usr	软件目录，大部分的软件都安装在这里
/var	如果将这台机器作为服务器，建议划分其空间
/boot	一般来说，启动分区只要 500 MB 大小就足够了

3.2.2　基本磁盘管理工具 fdisk

使用 fdisk 磁盘管理工具可以对硬盘进行分区，例如，要对 sda 硬盘进行分区，只需要在终端窗口输入命令 "fdisk /dev/sda"。图 3.2.2 所示为使用 fdisk 对硬盘 sda 进行分区时配置界面。

```
[root@localhost ~]# fdisk /dev/sda
Welcome to fdisk (util-linux 2.32.1).
Changes will remain in memory only, until you decide to write them.
Be careful before using the write command.

Command (m for help):
```

图 3.2.2

在"command"提示之后输入相应的命令来对 fdisk 进行操作，表 3.2.4 列出了所有 fdisk 可用的命令。

表 3.2.4　fdisk 命令参数

命　令	功　　能	命　令	功　　能
a	调整硬盘启动分区	q	不保存更改，退出 fdisk 命令
d	删除硬盘分区	t	更改分区类型
l	列出所有支持的分区类型	u	切换所显示的分区大小的单位
m	列出所有 fdisk 命令	w	把修改写入硬盘分区表，然后退出
n	创建新分区	x	列出高级选项
p	列出硬盘分区表		

下面在已经安装了 Linux 系统的计算机上插入一块 20 GB 的硬盘，并将这块硬盘划分 3 个分区，大小分别为 10 GB、5 GB、3 GB，具体步骤如下。

1. 通过 VMware 向虚拟机中添加一块 20 GB 的硬盘

（1）关闭虚拟机，右击虚拟机名称选项卡，在弹出的菜单中选择"设置"命令，如图 3.2.3 所示。

图 3.2.3

(2) 在弹出的对话框中，单击"添加"按钮，如图 3.2.4 所示。

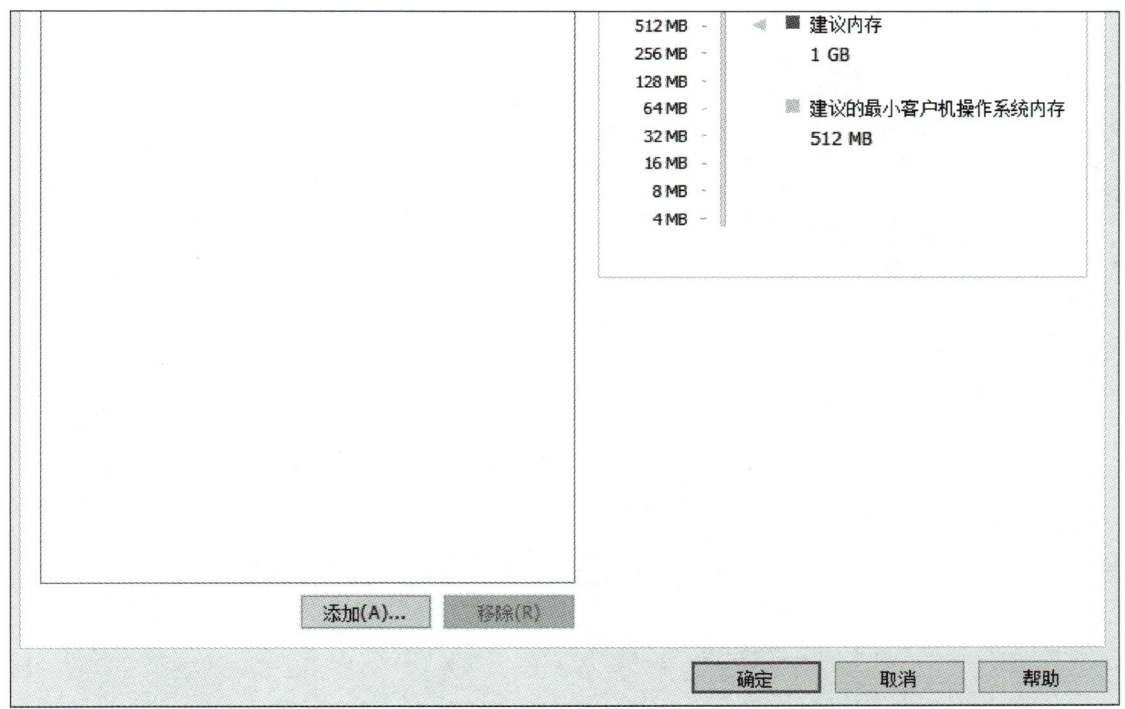

图 3.2.4

(3) 选择"硬盘"，并且单击"下一步"按钮，如图 3.2.5 所示。

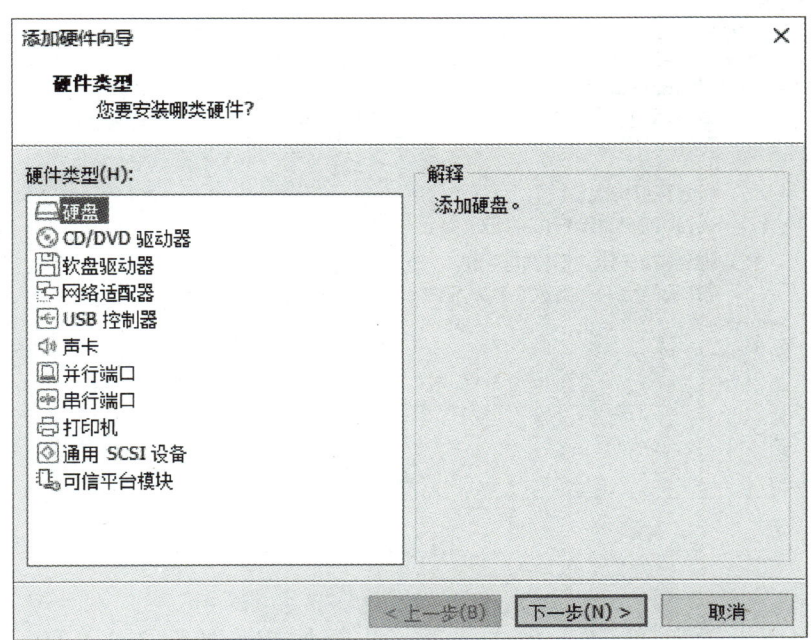

图 3.2.5

(4) 单击"下一步"按钮，如图 3.2.6 所示。

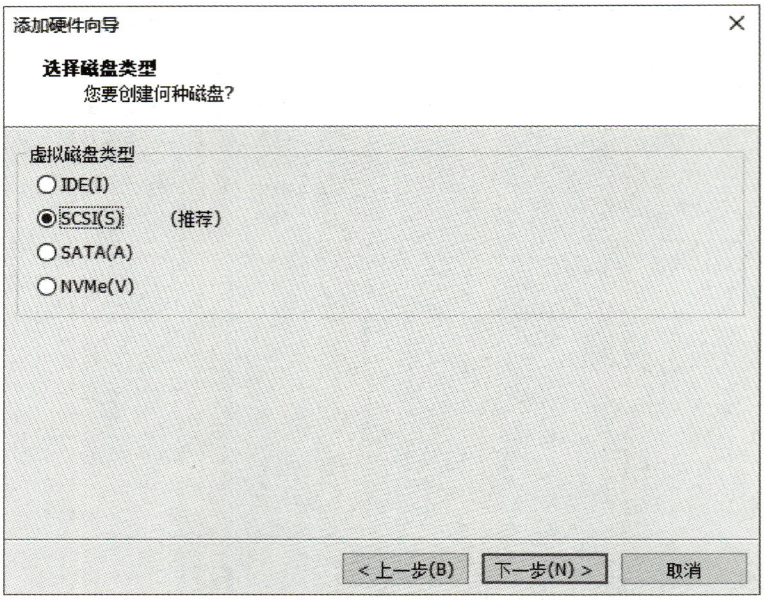

图 3.2.6

(5) 选中"创建新虚拟磁盘"单选按钮，单击"下一步"按钮，如图 3.2.7 所示。

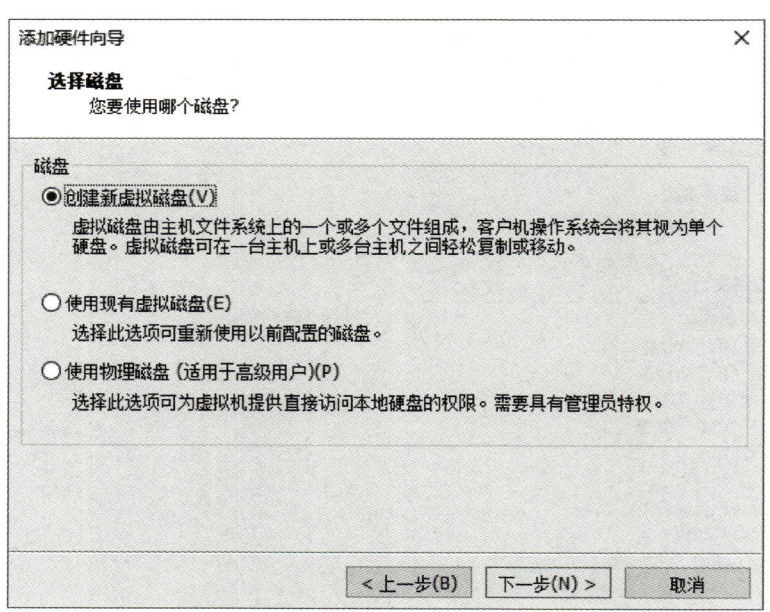

图 3.2.7

(6) 将磁盘大小设置为 20 GB，单击"下一步"按钮，如图 3.2.8 所示。

(7) 单击"完成"按钮，完成硬盘的添加，如图 3.2.9 所示。

(8) 添加完成后可以在"虚拟机设置"中查看这块硬盘，如图 3.2.10 所示。

3.2 磁盘管理

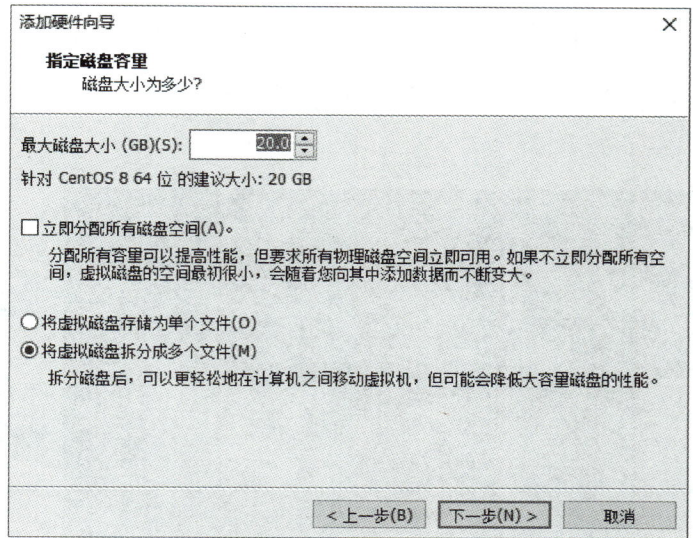

图 3.2.8

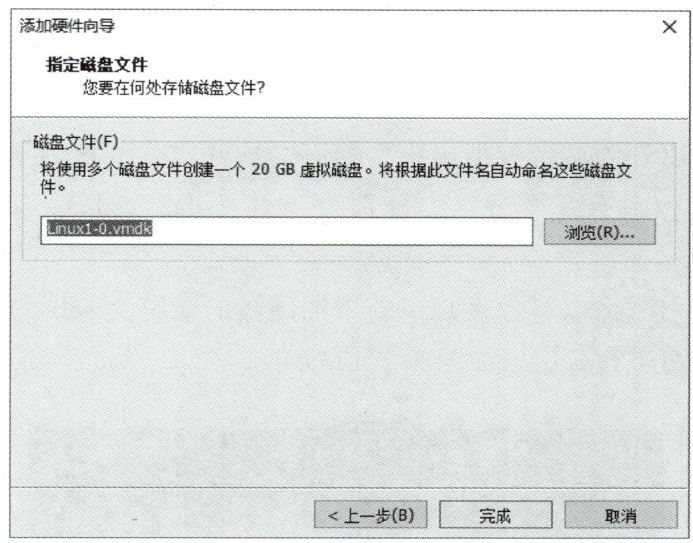

图 3.2.9

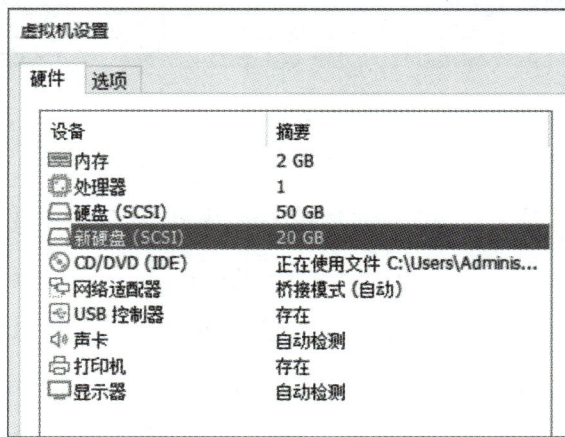

图 3.2.10

2. 使用 fdisk 工具进行硬盘分区

（1）打开虚拟机，在终端窗口输入命令"fdisk -l"，查看当前系统中的硬盘，如图 3.2.11 所示。

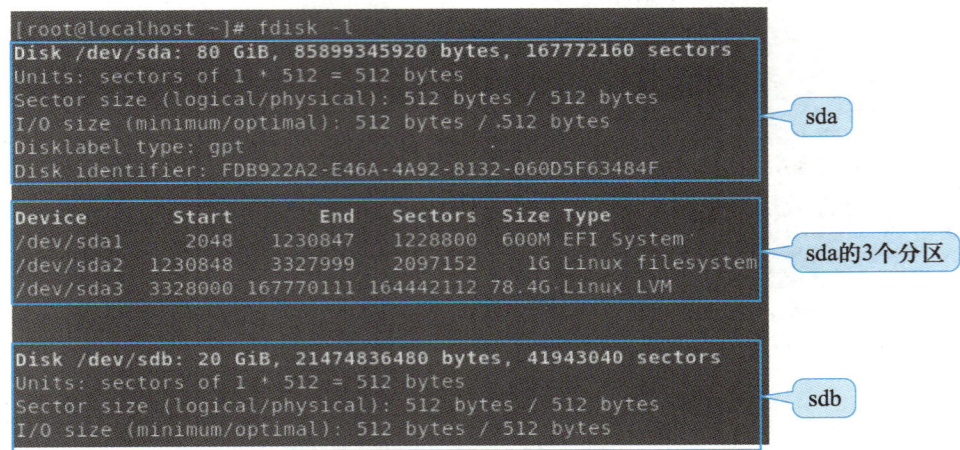

图 3.2.11

通过 fdisk 命令可以看到这台虚拟机中目前有两块硬盘，一块为 sda，一块为 sdb。其中 sda 是 Linux 系统硬盘，它有 3 个分区，分别为 sda1、sda2、sda3。sdb 是刚刚添加的一块 20 GB 的硬盘。

（2）通过"fdisk -l"命令可以发现，新添加硬盘的盘符为 sdb。通过输入"fdisk /dev/sdb"命令，对这块硬盘进行分区，如图 3.2.12 所示。

图 3.2.12

（3）在"command"后输入"n"，创建第一个大小为 10 GB 的分区。输入"p"，选择创建主分区（创建扩展分区输入"e"，创建逻辑分区输入"l"）；输入数字"1"，创建第一个主分区（主分区和扩展分区可选数字为 1~4，逻辑分区的数字标识从 5 开始）；输入此分区的起始、结束扇区，以确定当前分区的大小。也可以使用"+sizeM"或者"+sizeK"的格式指定分区大小。这里输入"+10 G"，按 Enter 键就完成 10 GB 分区创建。具体操作如图 3.2.13 所示。

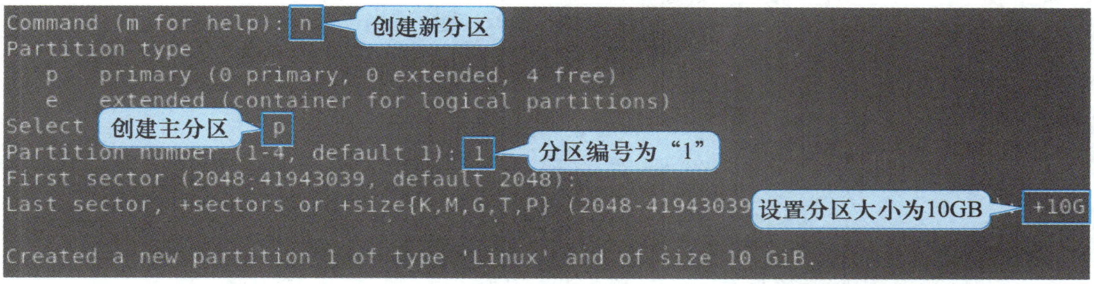

3.2 磁盘管理

图 3.2.13

（4）创建剩下的 5 GB 和 3 GB 分区。这里可以将剩余的两个分区都创建成主分区，只要按照步骤（3）依次建立剩下的两个分区即可。也可以将剩下的两个分区创建在一个扩展分区内。首先创建 1 个 8 GB 的扩展分区，具体操作如图 3.2.14 所示。

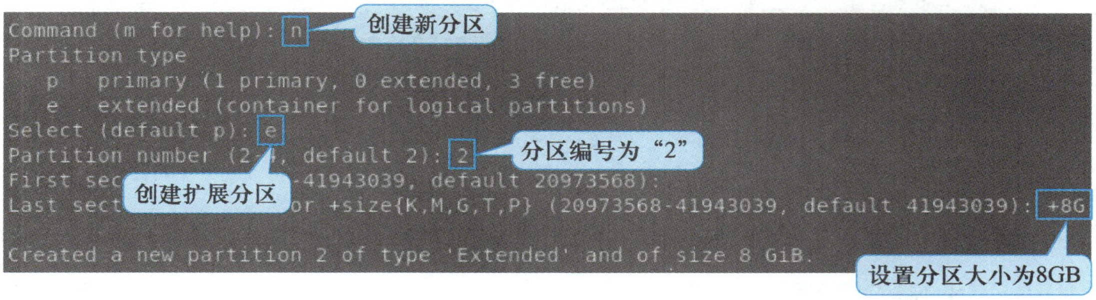

图 3.2.14

（5）创建扩展分区下的第一个逻辑分区，具体操作如图 3.2.15 所示。

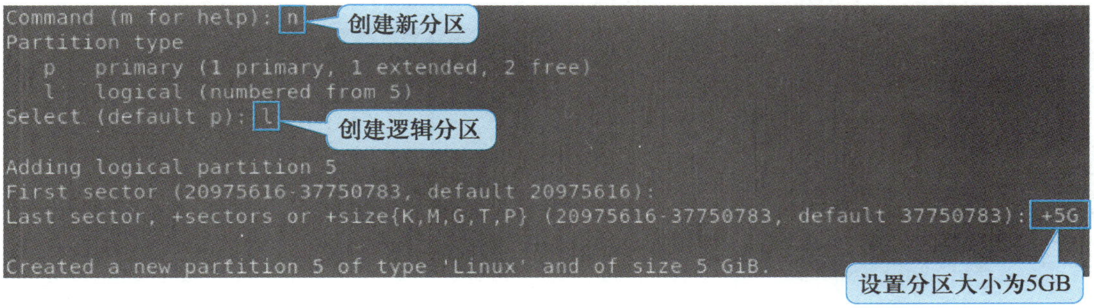

图 3.2.15

（6）创建第二个逻辑分区，具体操作如图 3.2.16 所示。

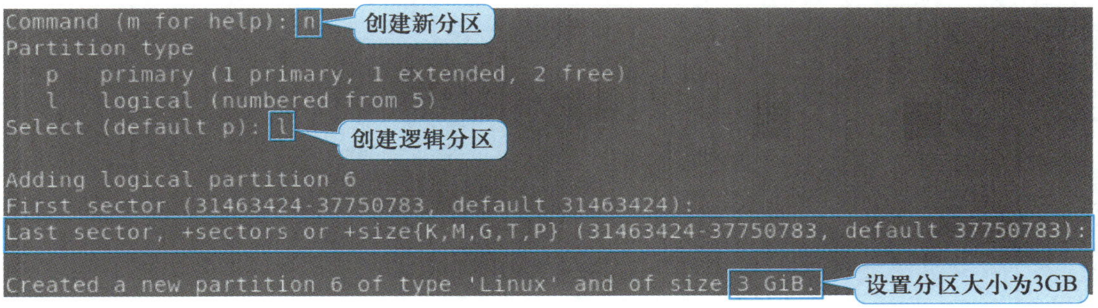

图 3.2.16

尾扇区选项后面不需要输入大小，直接按 Enter 键。此时扩展分区会将剩下的空间全部划分给当前分区，本例中剩下的空间大小为 3 GB。

（7）在"command"后输入"p"命令，查看分区是否创建成功，具体操作如图 3.2.17 所示。

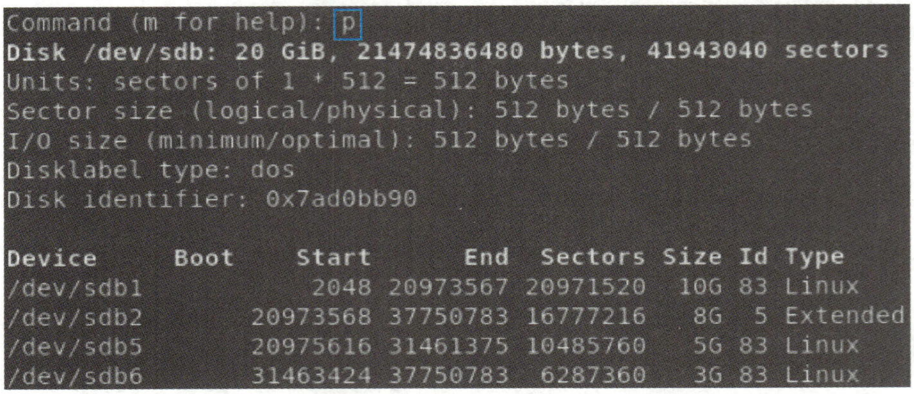

图 3.2.17

/dev/sdb1 为 10 GB 主分区，/dev/sdb2 为 8 GB 的扩展分区，/dev/sdb5 和/dev/sdb6 分别为 5 GB 的和 3 GB 的逻辑分区，创建成功。

（8）创建成功后，在"command"后输入"w"命令，保存分区表并退出 fdisk，具体操作如图 3.2.18 所示。

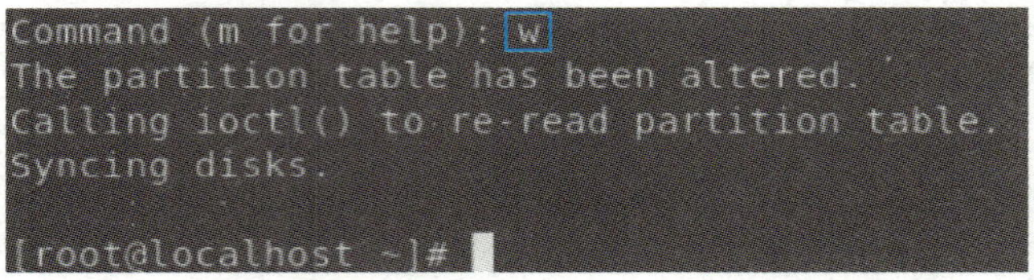

图 3.2.18

（9）如果分区创建错误，需要删除磁盘分区时，在"command"后输入命令"d"，并选择相应的磁盘分区即可。假设这里分区 5 创建错误，可以利用以下命令删除分区 5，具体操作如图 3.2.19 所示。

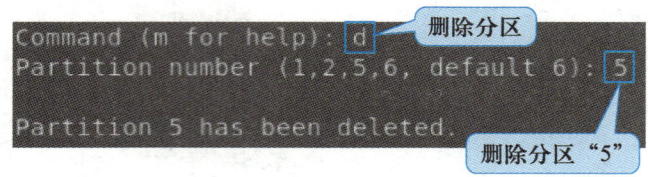

图 3.2.19

3.2.3 格式化文件系统 mkfs

完成硬盘分区之后要对分区进行格式化。使用 mkfs 命令可将硬盘格式化为指定的文件系统。mkfs 本身并不执行建立文件系统的工作，而是去调用相关的程序来执行。表 3.2.5 列出了 mkfs 命令的详细参数。

表 3.2.5 mkfs 命令参数

参　数	说　明
-V	详细模式显示
-t	给定文件系统的形式
-c	操作之前先检查分区是否有坏道
-l	记录坏道的资料
block	指定 block 的大小
-L	建立卷标

将上面实验创建的 10 GB 分区 sdb1 格式化为 ext4，在终端窗口输入命令"mkfs -t ext4 /dev/sdb1"进行格式化。具体操作如图 3.2.20 所示。

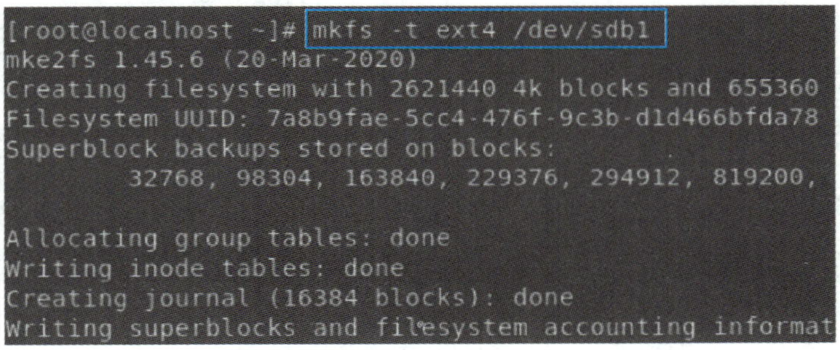

图 3.2.20

3.2.4 查看磁盘状态命令 df

1. 命令简介

df 命令用于查看硬盘空间的使用情况，还可以查看硬盘分区的类型或 inode 节点的使用情况等。

2. 命令语法

　　df [option] disk

option：df 命令的选项。

disk：磁盘路径。

3. 命令参数

命令参数见表 3.2.6。

表 3.2.6 df 命令参数

参　数	说　　明
-a	显示所有文件系统的磁盘使用情况
-k	以千字节为单位显示
-i	显示 i 节点信息，而不是磁盘块
-t	显示各指定类型的文件系统的磁盘空间使用情况
-x	列出不是某一指定类型文件系统的磁盘空间使用情况
-T	显示文件系统类型

4. 命令实例演示

查看当前系统所有分区的使用情况。h 表示以可读的方式显示当前磁盘空间，另外类似的参数有 k、m 等。具体如图 3.2.21 所示。

(1) Filesystem：表示文件系统类型。

(2) Size：表示分区大小。

(3) Used：表示已经使用的空间。

(4) Avail：表示可用空间。

(5) Use%：表示使用空间的百分数。

(6) Mounted on：表示挂载到的目录。

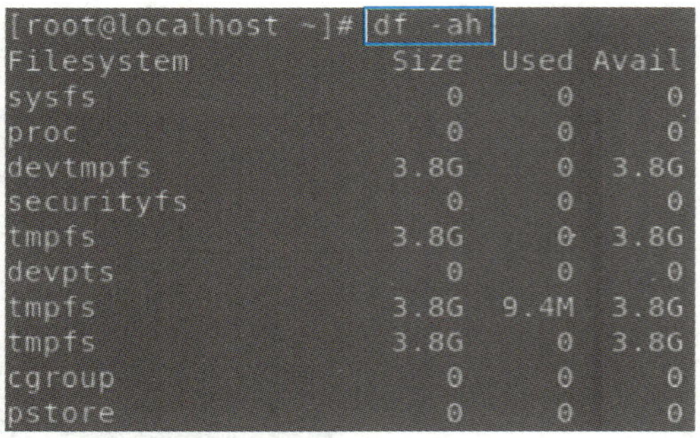

图 3.2.21

3.2.5 挂载和卸载

在磁盘上建立好文件系统之后，还需要把新建立的文件系统挂载到操作系统的目录才能使用。文件系统所挂载到的目录被称为挂载点（mount point）。

Linux 系统中提供了/mnt 和/media 两个挂载点。挂载点一般是一个空目录，如果挂载的目录不为空，则目录中原来存在的文件将被系统隐藏。通常将光盘挂载到/media/cdrom 和/media/floppy 中，其对应的设备文件名分别为/dev/cdrom 或者/dev/sr0。

Linux 中的 mount 命令可以将分区挂载到 Linux 的目录下，从而将分区和该目录联系起来。在挂载完成之后，访问这个目录就相当于访问这个分区了。表 3.2.7 列出了 mount 命令所用的参数。

表 3.2.7　mount 命令参数

参　数	说　明
-t	指定要挂载的文件系统的类型
-r	如果不想修改要挂载的文件系统，可以使用该选项以只读方式挂载
-w	以可写的方式挂载文件系统
-a	挂载/etc/fstab 文件中记录的设备
-v	显示详细信息
-o	指定加载文件系统时的选项

在终端窗口输入命令"mount/dev/sdb1/opt/file"，将 sdb1 分区挂载到/opt/file 目录下，并使用"df –TH"命令查看当前分区情况。具体操作如图 3.2.22 所示。

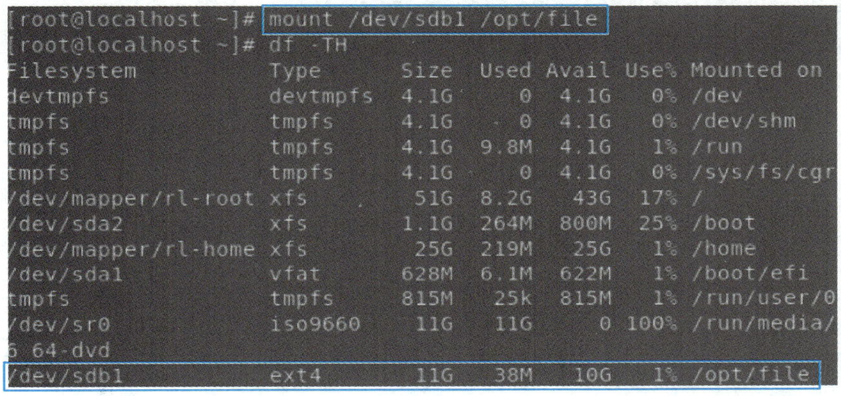

图 3.2.22

在终端窗口输出命令"mount/dev/cdrom/a"，挂载光盘内容到/a 目录下。具体操作如图 3.2.23 所示。

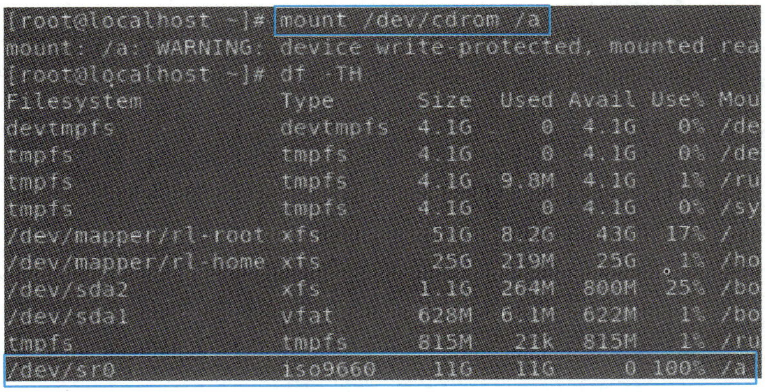

图 3.2.23

手动挂载是即刻生效的，但是系统重启后就会失效。如果要实现每次开机自动挂载文件系统，需要通过编辑/etc/fstab 文件来实现。

下面演示如何通过/etc/fstab 文件挂载实现开机自动挂载 sdb1 分区到/opt/file 目录。

（1）在终端窗口使用 vi 工具编辑/etc/fstab 文件。在终端窗口输入命令"vi /etc/fstab"，如图 3.2.24 所示。

```
[root@localhost ~]# vi /etc/fstab
```

图 3.2.24

（2）在配置文件最后一行加入要挂载的参数信息，如图 3.2.25 所示。

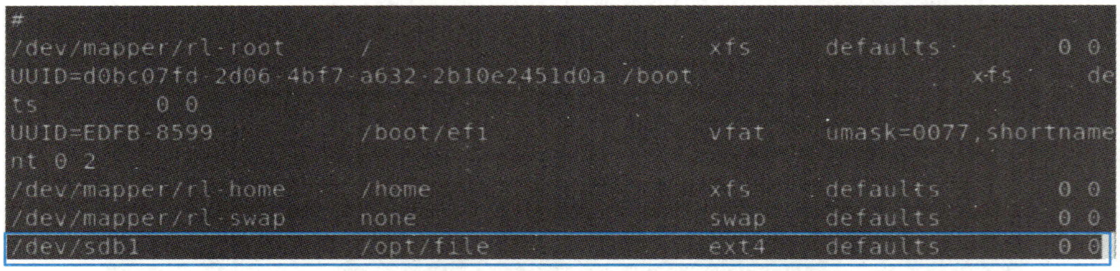

```
#
/dev/mapper/rl-root                     /              xfs      defaults         0 0
UUID=d0bc07fd-2d06-4bf7-a632-2b10e2451d0a /boot                 xfs      de
ts         0 0
UUID=EDFB-8599                          /boot/efi      vfat     umask=0077,shortname
nt 0 2
/dev/mapper/rl-home                     /home          xfs      defaults         0 0
/dev/mapper/rl-swap                     none           swap     defaults         0 0
/dev/sdb1                               /opt/file      ext4     defaults         0 0
```

图 3.2.25

/etc/fstab 文件中每一行代表一个文件系统的开机自动挂载。一行内容总共分为 6 列，每一列的意义见表 3.2.8。

表 3.2.8　/etc/fstab 内容参数解析

/dev/sdb1	/opt/file	ext4	defaults	0	0
设备名，表示具体的文件系统	需要挂载点	文件系统类型	文件系统参数	dump	flck

① dump 选项：表示系统备份时是否需要备份该文件系统。如果该选项设置为 0，则表示不备份；如果设置为 1，则表示需要备份。

② fsck 选项：表示系统启动时是否需要自动检查该文件系统。如果该选项设置为 0，则表示不检查；如果设置为 1，则表示需要检查。

3.3　动态磁盘

RAID（redundant array of inexpensive disks，独立磁盘冗余阵列）是把多块硬盘合并成为一块更大空间硬盘的技术，主要用于解决数据冗余和硬件成本过高的问题。本节主要介绍 RAID 在 Linux 系统中的实现。

3.3.1 基本磁盘和动态磁盘

动态磁盘和基本磁盘最本质的区别如下。

（1）动态磁盘可以将多个物理磁盘组合成一个更大的卷，如图 3.3.1 所示。

（2）基本磁盘只能在同一物理磁盘上的连续空间创建分区，如图 3.3.2 所示。

图 3.3.1

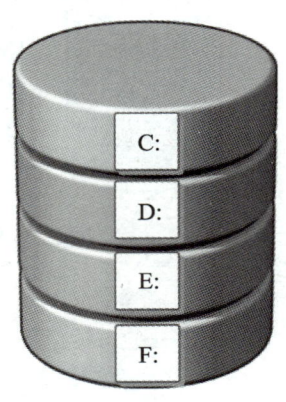

图 3.3.2

3.3.2 配置磁盘冗余阵列

RAID 用于将多个磁盘合并成一个磁盘阵列，以提高存储性能和容错功能。

RAID 可分为软 RAID 和硬 RAID，软 RAID 是通过软件实现多块硬盘冗余的，而硬 RAID 一般通过 RAID 卡来实现 RAID。

RAID 作为高性能的存储系统，最常用的是 0、1、5 这 3 个级别。

1. RAID0

RAID0（带区卷）：将多个磁盘合并成一个大的磁盘，不具有数据冗余，并行输入/输出，速度最快。在存放数据时，RAID0 将数据按磁盘的个数来进行分段，然后同时将这些数据写进这些盘中。图 3.3.3 列出了 RAID0 卷的逻辑结构。

2. RAID1

RAID1（镜像卷）：把磁盘阵列中的硬盘分成相同的两组，互为镜像，当任意一个磁盘出现故障时，可以利用其镜像磁盘上的数据进行恢复，从而提高系统的容错能力，但是磁盘利用率只有 50%。图 3.3.4 列出了 RAID1 卷的逻辑结构。

3. RAID5

RAID5：向阵列中的磁盘写数据时，将奇偶校验数据存放在阵列中的每个盘上，允许单个磁盘出错。RAID5 是通过数据的校验位来保证数据的安全，但它不是以单独硬盘来存放数据的校验位，而是将数据段的校验位交互存储于各个硬盘上。这样任何一个硬盘损坏，都可以根据其他硬盘上的校验位来重建损坏的数据。硬盘的利用率为 $n-1$。图 3.3.5 列出了 RAID5 卷的逻辑结构。

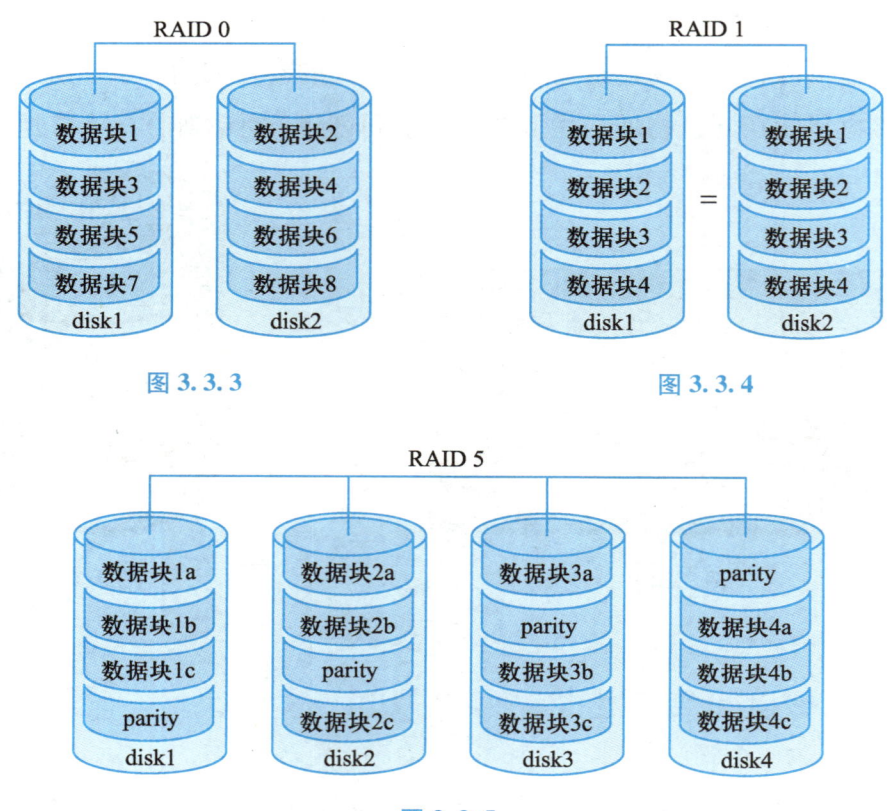

图 3.3.3　　　　　　　　　　图 3.3.4

图 3.3.5

4. RAID5 实例演示

（1）实例说明。

现在有 4 块容量分别为 20GB 的硬盘，利用这 4 块硬盘创建 RAID5 卷，以实现硬盘容错，保护重要数据。将"/dev/md5"挂载到"/opt/md5"目录中，并新建 test.txt 文件作为测试。

（2）mdadm 命令介绍。

mdadm 是 Linux 下用于创建和管理 RAID 的命令。表 3.3.1 列出了 mdadm 命令的参数。

表 3.3.1　mdadm 命令参数

参　数	作　用
-C	创建新的 RAID 设备，其他内容不变
-a	指定设备损坏时是否可以由设备进行自动替换
-l	设置 RAID 级别
-n	使用几个硬盘建立 RAID
-x	使用几个硬盘作为热备份

(3) 具体操作步骤。

① 在虚拟机中插入 4 块 20 GB 硬盘，使用 "fdisk -l" 命令查看当前磁盘的信息，如图 3.3.6 所示。

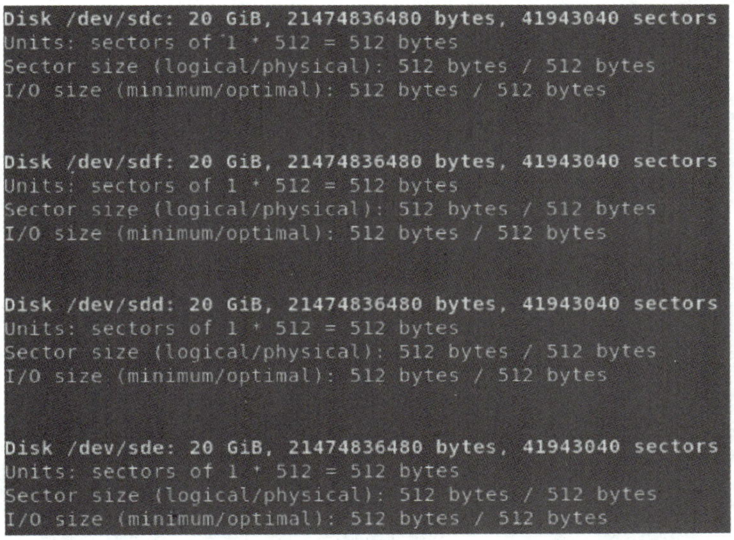

图 3.3.6

② 使用 fdisk 工具分别对 4 块硬盘进行分区。为每一块硬盘创建一个 5 GB 的扩展分区，并将扩展分区的所有空间都作为一个逻辑分区，划分完成后保存分区，使用 "fdisk -l" 命令查看当前磁盘的信息，如图 3.3.7 所示。

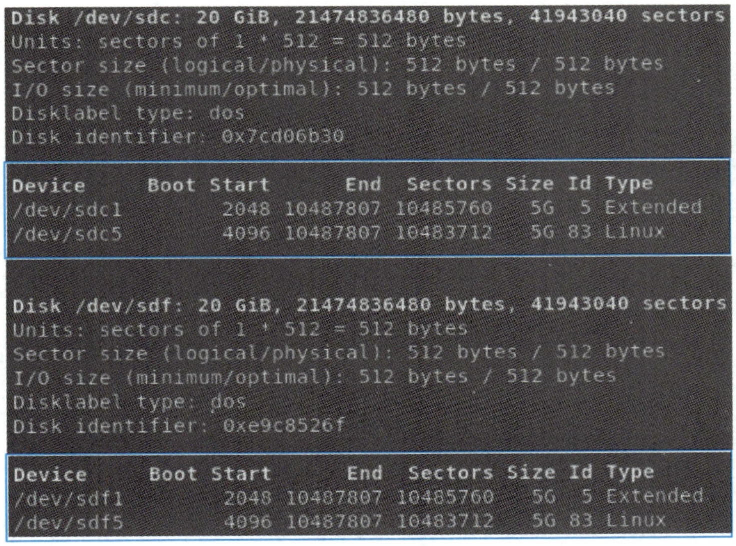

图 3.3.7

③ 使用 mdadm 命令，创建 RAID5 磁盘冗余阵列，如图 3.3.8 所示。

• -C /dev/mdX：指定 RAID 设备名称为 "mdX"，其中 "X" 为设备编号，该编号从 0 开始。

```
mdadm -C /dev/md5 -a yes -l 5 -n 3 -x 1 /dev/sd[c,d,e,f]5
o version 1.2 metadata
d5 started.
```

图 3.3.8

- -a yes：指定 RAID 设备损坏时可以由备用设备进行自动替换。
- -l 5：设置 RAID 级别为 5。
- -n 3：使用 3 个硬盘建立 RAID。
- -x 1：使用 1 个硬盘作为热备份盘。
- /dev/sd[c,d,e,f]5：表示/dev/sdc5、/dev/sdd5、/dev/sde5、/dev/sdf5，其中/dev/sdf5 为备用。

④ 使用"mkfs -t ext4 -c /dev/md5"命令对 RAID5 分区进行格式化，如图 3.3.9 所示。

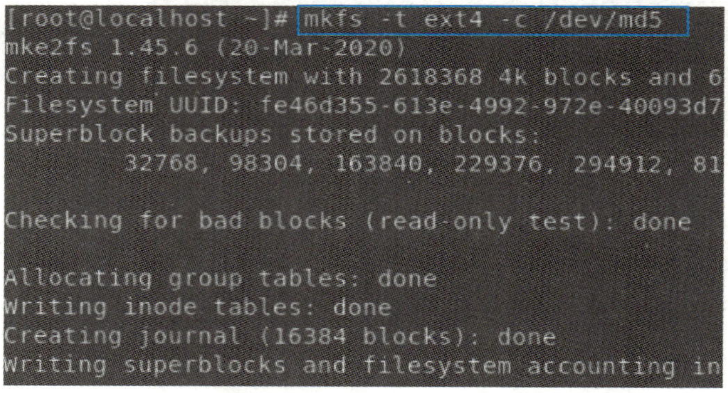

```
[root@localhost ~]# mkfs -t ext4 -c /dev/md5
mke2fs 1.45.6 (20-Mar-2020)
Creating filesystem with 2618368 4k blocks and 6
Filesystem UUID: fe46d355-613e-4992-972e-40093d7
Superblock backups stored on blocks:
        32768, 98304, 163840, 229376, 294912, 81

Checking for bad blocks (read-only test): done
Allocating group tables: done
Writing inode tables: done
Creating journal (16384 blocks): done
Writing superblocks and filesystem accounting in
```

图 3.3.9

⑤ 将/dev/md5 挂载到/opt/md5 目录中，并新建 test.txt 文件进行测试，具体操作如图 3.3.10 所示。

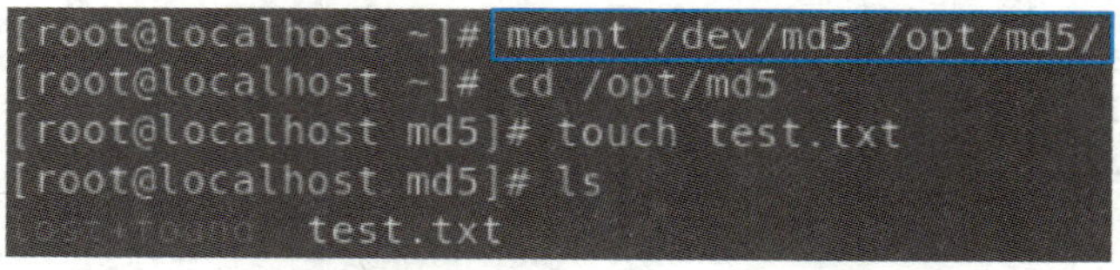

```
[root@localhost ~]# mount /dev/md5 /opt/md5/
[root@localhost ~]# cd /opt/md5
[root@localhost md5]# touch test.txt
[root@localhost md5]# ls
        test.txt
```

图 3.3.10

（4）运维 RAID 设备。

假设在使用过程中/dev/sdc5 突然出现了损坏，可以按照以下步骤来进行处理。

① 将损坏的 RAID 成员标记为失效，操作命令如图 3.3.11 所示。

```
[root@localhost md5]# mdadm /dev/md5 --fail /dev/sdc5
mdadm: set /dev/sdc5 faulty in /dev/md5
```

图 3.3.11

② 移除失效的 RAID 成员，操作命令如图 3.3.12 所示。

```
[root@localhost md5]# mdadm /dev/md5 --remove /dev/sdc5
mdadm: hot removed /dev/sdc5 from /dev/md5
```

图 3.3.12

③ 使用"mdadm --detail /dev/md5"命令查看当前 RAID5 卷的状态，如图 3.3.13 所示。

```
Consistency Policy : resync
            Name : localhost.localdomain:5  (local to host localho
            UUID : c0e624fa:4b0c29fa:c31f231c:e7f62947
          Events : 38

    Number   Major   Minor   RaidDevice State
       3       8       85        0      active sync   /dev/sdf5
       1       8       53        1      active sync   /dev/sdd5
       4       8       69        2      active sync   /dev/sde5
```

图 3.3.13

从图 3.3.13 中可以看出，冗余分区/dev/sdf5 自动变成了当前的 RAID5 卷的成员。

（5）停止 RAID 设备。

① 卸载 RAID 分区的挂载，操作命令如图 3.3.14 所示。

```
[root@localhost opt]# umount /dev/md5 /opt/md5
umount: /opt/md5: not mounted.
```

图 3.3.14

② 停止 RAID5 分区，操作命令如图 3.3.15 所示。

```
[root@localhost opt]# mdadm -S /dev/md5
mdadm: stopped /dev/md5
```

图 3.3.15

3.4 逻辑卷管理器

当用户想要随着实际需求的变化调整硬盘分区的大小时，会受到硬盘"灵活性"的限制。LVM（logical volume manager，逻辑卷管理器）可以允许用户对硬盘资源进行动态调整。

本节主要介绍逻辑卷管理器的相关配置。

3.4.1 逻辑卷管理器概述

LVM 技术是在硬盘分区和文件系统之间添加了一个逻辑层。用户不必关心物理硬盘设备的底层架构和布局，就可以实现对硬盘分区的动态调整。表 3.4.1 列出了逻辑卷管理器的基本术语。

表 3.4.1 逻辑卷管理器基本术语

名　　称	作　　用
物理存储介质（physical storage media）	指系统的物理存储设备：磁盘，如/dev/hda、/dev/sda 等，是存储系统最底层的存储单元
物理卷（physical volume，PV）	指磁盘分区或从逻辑上与磁盘分区具有同样功能的设备（如 RAID），是 LVM 的基本存储逻辑块
卷组（volume group，VG）	类似于非 LVM 系统中的物理磁盘，由一个或多个物理卷组成。可以在卷组上创建一个或多个逻辑卷
逻辑卷（logical volume，LV）	类似于非 LVM 系统中的磁盘分区，逻辑卷建立在卷组之上。在逻辑卷之上可以建立文件系统（如/home 或者/usr 等）
物理块（physical extent，PE）	物理块是物理卷的基本划分单元。物理块的大小是可配置的，默认为 4 MB。物理卷由大小等同的基本单元物理块组成
逻辑块（logical extent，LE）	逻辑卷也被划分为可被寻址的基本单位，称为逻辑块。在同一个卷组中，逻辑块的大小和物理块是相同的，并且一一对应

图 3.4.1 所示为 LVM 技术的架构图。

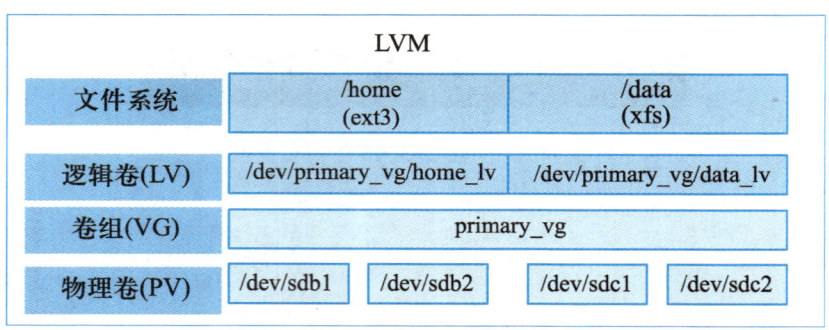

图 3.4.1

（1）物理卷（PV）：处于 LVM 中的最底层，可以将其理解为物理硬盘、硬盘分区或者 RAID 磁盘阵列。

（2）卷组（VG）：建立在物理卷之上，一个卷组可以包含多个物理卷，而且在卷组创建之后也可以继续向其中添加新的物理卷。

（3）逻辑卷（LV）：是用卷组中空闲的资源建立的，并且逻辑卷在建立后可以动态地扩展或缩小空间，这就是 LVM 的核心理念。

3.4.2 逻辑卷管理器实例演示

1. 实例说明

创建 40 GB 大小的卷组，命名为"lvmgroup"，再从 lvmgroup 卷组中创建一个 10 GB 的逻辑卷，命名为"vo"。将已生成的逻辑卷 vo 进行格式化，格式化为 ext4 并且挂载到/opt/lvm 目录下，在该目录下创建 test.txt 文件作为测试。

2. 逻辑卷管理器命令介绍

部署 LVM 时，需要逐个配置物理卷、卷组和逻辑卷。表 3.4.2 列出了常用的 LVM 命令。

表 3.4.2 LVM 命令参数

功能/命令	物理卷管理	卷组管理	逻辑卷管理
扫描	pvscan	vgscan	lvscan
建立	pvcreate	vgcreate	lvcreate
显示	pvdisplay	vgdisplay	lvdisplay
删除	pvremove	vgremove	lvremove
扩展	—	vgextend	lvextend
缩小	—	vgreduce	lvreduce

3. 具体操作步骤

（1）向虚拟机中添加两块硬盘 20 GB 的硬盘，并使用"fdisk -l"命令查看，具体操作如图 3.4.2 所示。

```
Disk /dev/sdb: 20 GiB, 21474836480 bytes, 41943040 sectors
Units: sectors of 1 * 512 = 512 bytes
Sector size (logical/physical): 512 bytes / 512 bytes
I/O size (minimum/optimal): 512 bytes / 512 bytes

Disk /dev/sdc: 20 GiB, 21474836480 bytes, 41943040 sectors
Units: sectors of 1 * 512 = 512 bytes
Sector size (logical/physical): 512 bytes / 512 bytes
I/O size (minimum/optimal): 512 bytes / 512 bytes
```

图 3.4.2

（2）使用 pvcreate 命令将刚刚添加的两块硬盘配置为物理卷，具体操作如图 3.4.3 所示。

```
[root@localhost ~]# pvcreate /dev/sdb /dev/sdc
  Physical volume "/dev/sdb" successfully created.
  Physical volume "/dev/sdc" successfully created.
```

图 3.4.3

（3）使用 vgcreate 命令，创建卷组 lvmgroup，并将步骤（2）创建好的物理卷加入卷组，具体操作如图 3.4.4 所示。

```
[root@localhost ~]# vgcreate lvmgroup /dev/sdb /dev/sdc
  Volume group "lvmgroup" successfully created
```

图 3.4.4

（4）使用 vgdisplay 命令，查看卷组状态，具体操作如图 3.4.5 所示。

```
[root@localhost ~]# vgdisplay lvmgroup
  --- Volume group ---
  VG Name               lvmgroup
  System ID
  Format                lvm2
  Metadata Areas        2
  Metadata Sequence No  1
  VG Access             read/write
  VG Status             resizable
  MAX LV                0
  Cur LV                0
  Open LV               0
  Max PV                0
  Cur PV                2
  Act PV                2
  VG Size               39.99 GiB
```
显示卷组大小为 40GB

图 3.4.5

（5）使用 lvcreate 命令，从 lvmgroup 卷组中创建一个大小为 10 GB 的逻辑卷，并命名为 vo，具体操作如图 3.4.6 所示。

```
[root@localhost ~]# lvcreate -n vo -L 10G lvmgroup
  Logical volume "vo" created.
```

图 3.4.6

lvcreate 命令参数：

① -L 参数：表示逻辑卷大小。

② -n 参数：表示逻辑卷名字。

（6）使用 lvdisplay，查看逻辑卷状态，具体操作如图 3.4.7 所示。

（7）将步骤（5）生成好的逻辑卷进行格式化，格式化为 ext4，具体操作如图 3.4.8 所示。

3.4 逻辑卷管理器   111

```
[root@localhost ~]# lvdisplay lvmgroup
--- Logical volume ---
LV Path                /dev/lvmgroup/vo
LV Name                vo
VG Name                lvmgroup
LV UUID                DJydBA-K1Ac-7uoY-Wl
LV Write Access        read/write
LV Creation host, time localhost.localdoma
LV Status              available
# open                 0
LV Size                10.00 GiB        ← 逻辑卷大小为10GB
Current LE             2560
Segments               1
Allocation             inherit
Read ahead sectors     auto
- currently set to     8192
Block device           253:3
```

图 3.4.7

```
[root@localhost ~]# mkfs -t ext4 /dev/lvmgroup/vo
mke2fs 1.45.6 (20-Mar-2020)
Creating filesystem with 2621440 4k blocks and 655360
Filesystem UUID: bf475e87-83b0-45c2-ad36-595994cf6e18
Superblock backups stored on blocks:
      32768, 98304, 163840, 229376, 294912, 819200,

Allocating group tables: done
Writing inode tables: done
Creating journal (16384 blocks): done
Writing superblocks and filesystem accounting informa
```

图 3.4.8

（8）将格式化好的逻辑卷挂载到/opt/lvm 目录下，并在目录下创建 test.txt 文件作为测试，具体操作如图 3.4.9 所示。

```
[root@localhost ~]# mount /dev/lvmgroup/vo /opt/lvm/
[root@localhost ~]# cd /opt/lvm
[root@localhost lvm]# touch test.txt
[root@localhost lvm]# ls
          test.txt
```

图 3.4.9

4. 扩容逻辑卷

（1）在扩容逻辑卷之前需要再向虚拟机中添加一块硬盘，作为扩容逻辑卷的空间。使用 umount 命令，卸载已经挂载好的逻辑卷设备，具体操作如图 3.4.10 所示。

```
[root@localhost ~]# umount /opt/lvm
```

图 3.4.10

（2）将步骤（1）添加的物理硬盘设置成物理卷，具体操作如图 3.4.11 所示。

```
[root@localhost ~]# pvcreate /dev/sdd
  Physical volume "/dev/sdd" successfully created.
```

图 3.4.11

（3）使用 vgextend 命令，将物理卷加到 lvmgroup 卷组，具体操作如图 3.4.12 所示。

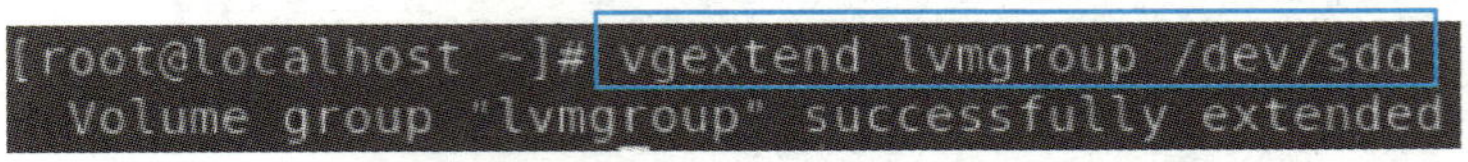

```
[root@localhost ~]# vgextend lvmgroup /dev/sdd
  Volume group "lvmgroup" successfully extended
```

图 3.4.12

（4）使用 vgdisplay 命令查看卷组的状态，具体操作如图 3.4.13 所示。

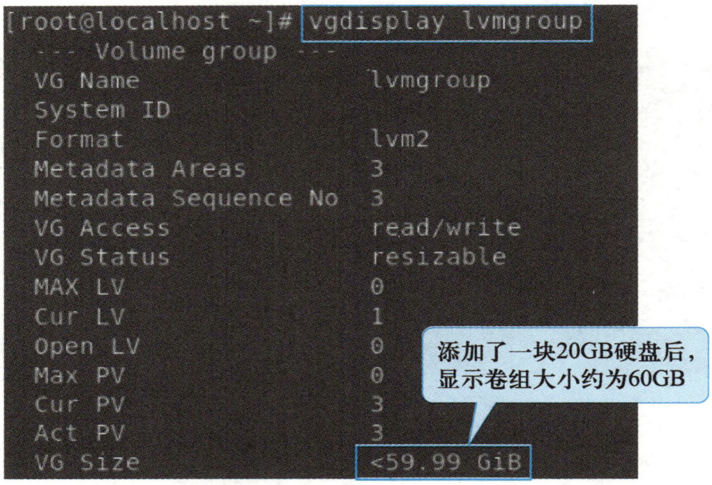

```
[root@localhost ~]# vgdisplay lvmgroup
  --- Volume group ---
  VG Name               lvmgroup
  System ID
  Format                lvm2
  Metadata Areas        3
  Metadata Sequence No  3
  VG Access             read/write
  VG Status             resizable
  MAX LV                0
  Cur LV                1
  Open LV               0
  Max PV                0
  Cur PV                3
  Act PV                3
  VG Size               <59.99 GiB
```

添加了一块20GB硬盘后，显示卷组大小约为60GB

图 3.4.13

（5）使用 lvextend 命令，将上一个实验中的逻辑卷 vo 扩展到 15 GB，具体操作如图 3.4.14 所示。

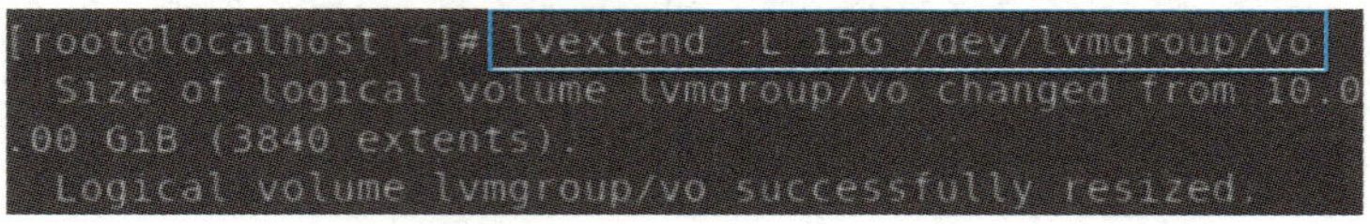

```
[root@localhost ~]# lvextend -L 15G /dev/lvmgroup/vo
  Size of logical volume lvmgroup/vo changed from 10.0
0 GiB (3840 extents).
  Logical volume lvmgroup/vo successfully resized.
```

图 3.4.14

（6）使用 lvdisplay 命令，查看当前逻辑卷的状态，具体操作如图 3.4.15 所示。

（7）重新挂载逻辑卷 vo 到/opt/lvm 目录下，并查看前面实验在逻辑卷中创建的 test.txt 文件是否丢失，如图 3.4.16 所示。

（8）使用"e2fsck -f /dev/lvmgroup/vo"命令检查逻辑卷的完整性。

（9）使用"resize2fs /dev/lvmgroup/vo"命令重置逻辑卷的容量。

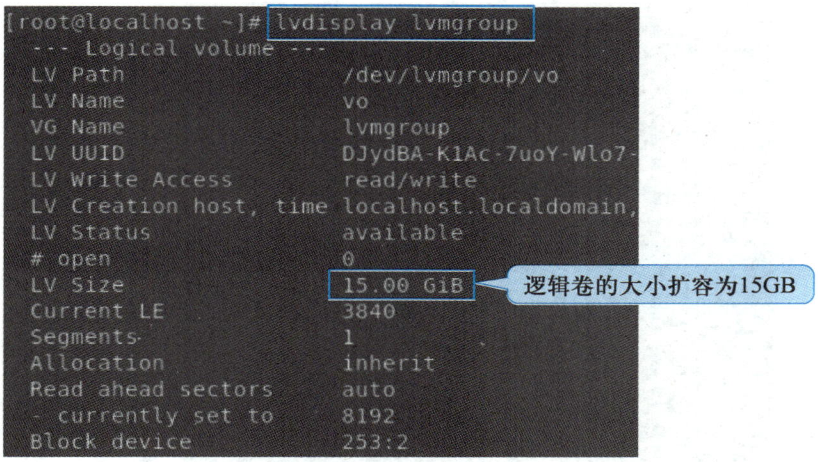

图 3.4.15

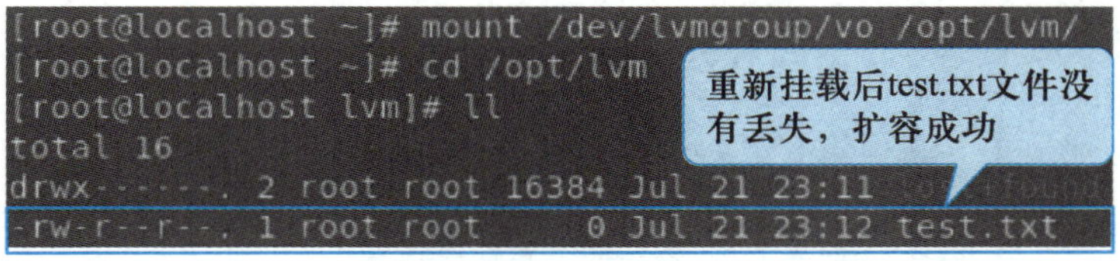

图 3.4.16

5. 缩小逻辑卷

（1）在执行缩小逻辑卷操作之前将挂载先卸载。使用 lvreduce 命令对 lv 逻辑卷空间进行缩减，具体操作如图 3.4.17 所示。

图 3.4.17

（2）使用 lvdisplay 命令，查看逻辑卷的状态，具体操作如图 3.4.18 所示。

（3）使用"e2fsck -f /dev/lvmgroup/vo"命令检查逻辑卷的完整性。

（4）使用"resize2fs /dev/lvmgroup/vo"命令重置逻辑卷的容量。

6. 删除逻辑卷

（1）LVM 的删除操作需要依次删除逻辑卷、卷组、物理卷设备，顺序不可颠倒。在做删除逻辑卷操作之前需要先将当前的挂载卸载，然后使用 lvremove 命令来删除逻辑卷 vo，具体操作如图 3.4.19 所示。

（2）使用 vgremove 命令，删除卷组，具体操作如图 3.4.20 所示。

```
[root@localhost lvm]# lvdisplay /dev/lvmgroup/
--- Logical volume ---
LV Path                /dev/lvmgroup/vo
LV Name                vo
VG Name                lvmgroup
LV UUID                DJydBA-K1Ac-7uoY-Wlo7
LV Write Access        read/write
LV Creation host, time localhost.localdomain
0400
LV Status              available
# open                 1
LV Size                8.00 GiB          ← 逻辑卷大小缩小到了8GB
Current LE             2048
Segments               1
Allocation             inherit
Read ahead sectors     auto
- currently set to     8192
Block device           253:2
```

图 3.4.18

```
[root@localhost opt]# lvremove /dev/lvmgroup/vo
Do you really want to remove active logical volume
/vo? [y/n]: y          ← 输入"y"表示同意删除逻辑卷
  Logical volume "vo" successfully removed.
```

图 3.4.19

```
[root@localhost opt]# vgremove lvmgroup
  Volume group "lvmgroup" successfully removed
```

图 3.4.20

（3）使用 pvremove 命令，删除物理卷，具体操作如图 3.4.21 所示。

```
[root@localhost opt]# pvremove /dev/sdb /dev/sdc /dev/sdd
  Labels on physical volume "/dev/sdb" successfully wiped.
  Labels on physical volume "/dev/sdc" successfully wiped.
  Labels on physical volume "/dev/sdd" successfully wiped.
```

图 3.4.21

项 目 测 试

1. 选择题

（1）假设用户所使用的计算机系统上有两块 IDE 硬盘，Linux 系统位于第一块硬盘上，查询第二块硬盘的分区情况的命令是（　　）。

A. fdisk -l /dev/hda1

B. fdisk -l /dev/hdb2

C. fdisk -l /dev/hdb

D. fdisk -l /dev/hda

(2) 在 Linux 中，硬盘的基本存储单位是（   ）。

A. 磁盘片

B. 磁道

C. 扇区

D. 柱面

(3) 在 Linux 中，设备文件/dev/sdc2 标识的是（   ）。

A. 第 2 块 IDE 硬盘上的第 2 个逻辑分区

B. 第 3 块 IDE 硬盘上的第 2 个逻辑分区

C. 第 2 块 SCSI 硬盘上的第 2 个主分区

D. 第 3 块 SCSI 硬盘上的第 2 个主分区

(4) 将磁盘/dev/sdc1（挂载点为/mnt/mountpoint）挂载的命令是（   ）。

A. mount　　/mnt/mountpoint　　/dev/sdc1

B. mount　　/dev/sdc1　　　　/mnt/mountpoint

C. umount　/mnt/mountpoint

D. umount　/dev/sdc1

(5) 若一台计算机的内存为 2 GB，则交换分区的大小通常是（   ）。

A. 1 GB

B. 2 GB

C. 4 GB

D. 8 GB

(6) 下面关于 i 节点描述错误的是（   ）。

A. 通过 i 节点实现文件的逻辑结构和物理结构的转换

B. i 节点能描述文件占用的块数

C. i 节点描述了文件大小和指向数据块的指针

D. i 节点和文件是一一对应的

(7) 安装 CD-ROM 时，默认选择的文件系统类型是（   ）。

A. vfat

B. xfs

C. ext4

D. iso9660

（8）创建逻辑卷的命令是（　　）。

    A. fdisk

    B. pvcreate

    C. lvcreate

    D. mdadm

（9）下列关于/etc/fstab 文件的描述正确的是（　　）。

    A. fstab 文件只能描述属于 Linux 的文件系统

    B. CD_ROM 必须是自动加载的

    C. fstab 文件中描述的文件系统不能被卸载

    D. 启动时按 fstab 文件描述内容加载文件系统

（10）Linux 下查看磁盘使用情况的命令是（　　）。

    A. dd

    B. df

    C. mount

    D. fdisk

2. 操作题

（1）文件权限测试

① 在用户 user1 主目录下创建目录 test，进入 test 目录创建空文件 file1，并以长格式显示文件信息，注意文件的权限和所属用户和组。

② 对文件 file1 设置权限，使其他用户可以对此文件进行写操作。

③ 取消同组用户对此文件的读取权限。

④ 用数字表示法为文件 file1 设置权限，所有者可读、可写、可执行；其他用户和所属组用户只有读和执行的权限。

⑤ 用数字表示法更改文件 file1 的权限，使所有者只能读取此文件，其他任何用户都没有权限。

⑥ 更改文件 file1 的权限，为其他用户添加写权限。

（2）基本磁盘测试

① 在虚拟机 CentOS 8.3 中插入一块 50 GB 大小的硬盘。

② 使用 fdisk 命令创建/dev/sdb1 主分区，大小为 8 GB。

③ 使用 fdisk 命令创建/dev/sdb2 扩展分区，大小为 15 GB。

④ 使用 fdisk 命令创建/dev/sdb5 逻辑分区，大小为 10 GB。

⑤ 使用 fdisk 命令创建/dev/sdb6 逻辑分区，大小为 5 GB。

⑥ 把设置写入硬盘分区表。

⑦ 格式化所有创建的分区为 ext4 的文件系统。

⑧ 检查上面创建的文件系统。

（3）动态磁盘测试

① 在虚拟机 CentOS 8.3 中插入 4 块 20 GB 大小的硬盘。

② 使用 fdisk 命令创建 4 个磁盘主分区/dev/sdb1、/dev/sdc1、/dev/sdd1、/dev/sde1，大小都为 5 GB，并使用 fdisk -l 命令检查是否创建好。

③ 使用 mdadm 命令创建 RAID5 设备，并命名为/dev/md0。

④ 为新建立的/dev/md0 建立类型为 ext4 的文件系统。

⑤ 使用 mdadm -D 命令查看建立的 RAID5 的具体情况。

⑥ 将 RAID 设备/dev/md0 挂载到指定的目录/mnt/md0 中。

（4）LVM 卷测试

① 在 CentOS 8.3 中插入一块硬盘，大小为 20 GB，添加完硬盘后，使用 fdisk 命令查看硬盘是否添加完成。

② 对新添加硬盘进行分区，划分一个 10 GB 的主分区，分区完成后，命令查看磁盘分区结构。

③ 将刚划分的主分区转换成物理卷，命令查看当前物理卷。

④ 创建卷组 vgdata，并将刚才的物理卷加入该卷组，命令查看 LVM 卷组信息。

⑤ 从 vgdata 上分割 2 GB 给新的逻辑卷 lvdata1，命令显示所有逻辑卷属性。

⑥ 在逻辑卷 lvdata1 上创建 ext4 文件系统。

⑦ 新建目录/data，将⑥中创建好的 ext4 文件系统的逻辑卷 lvdata1 挂载到/data 目录。

⑧ 经过一段时间的使用，逻辑卷 lvdata1 的空间已使用完，将逻辑卷 lvdata1 增加 3 GB 空间。

⑨ 检查分区完整性，重置分区容量，重新挂载文件系统，并使用 df 命令显示新的分区挂载界面，确定文件系统是否增加了 3 GB 空间。

项目4 用户和组的管理

用户的权限对于操作系统的安全是至关重要的，不同权限的用户可以操作不同的系统资源。在 Linux 中，root 用户具有最高权限，在使用 Linux 系统时应当尽量避免直接用 root 用户身份进行日常操作。通过本项目的学习，可以了解 Linux 系统中用户和组资源的管理，学会如何使用命令创建、管理用户和组。

从本项目可以学习到：

- ◆ Linux 系统的用户工作原理。
- ◆ Linux 系统的用户管理命令。
- ◆ Linux 系统的组管理命令。
- ◆ ACL 权限配置。

4.1 Linux 用户管理概述

用户管理是操作系统很重要的一个功能。Linux 系统拥有优秀的用户管理特性。本节主要介绍 Linux 系统用户管理的基础知识。

4.1.1 Linux 系统的用户工作原理

1. 用户分类

Linux 操作系统是多用户多任务的操作系统，允许多个用户同时登录到系统，使用系统资源。用户类型有如下几种。

（1）超级用户账户（root）：也称为管理员账户，它的任务是对普通用户和整个系统进行管理。

（2）系统用户：Linux 系统内部账号，不能用于登录系统。

（3）普通用户账户：在系统中只能进行普通工作，只能访问它们拥有权限执行的文件。

（4）组：具有相同特性的用户的集合。一个用户可以同时是多个组的成员，每个用户只有一个主组，可以有多个附属组。

2. 用户参数

Linux 用户账户参数见表 4.1.1。

表 4.1.1　用 户 参 数

概　　念	描　　述
用户名	用来标识用户的名称，可以是字母、数字组成的字符串，区分大小写
密码	用于验证用户身份的特殊验证码
用户标识（UID）	用来表示用户的数字标识符
用户主目录	用户的私人目录，也是用户登录系统后默认所在的目录
登录 Shell	用户登录后默认使用的 Shell 程序，默认为/bin/bash
组	具有相同属性的用户属于同一个组
组标识（GID）	用来表示组的数字标识符

root 用户的 UID 为 0；系统用户的 UID 从 1 到 999；普通用户的 UID 可以在创建时由管理员指定，如果不指定，用户的 UID 默认从 1000 开始顺序编号。

创建用户账户的同时也会创建一个与用户同名的组，该组是用户的主组。普通组的 GID 默认也是从 1000 开始编号。

3. 用户登录过程

用户要使用 Linux 系统，必须先进行登录。用户登录包括以下几个步骤。

（1）当 Linux 系统正常引导完成后，系统就可以接纳用户的登录。这时用户终端上显示"login："提示符，如果是图形界面，则会显示用户登录窗口，这时就可以输入用户密码。

（2）用户输入用户名后，系统会检查/etc/passwd 文件判断是否有该用户，如果不存在，则退出，如果存在则进行下一步。

（3）读取/etc/passwd 中的用户 ID 和组 ID，同时该账户的其他信息，如用户的主目录也会一并读出。

（4）用户输入密码后，系统通过检查/etc/shadow 文件来判断密码是否正确。如密码校验通过，这时就进入系统并启动系统的 Shell，系统启动的 Shell 类型由/etc/passwd 文件中的信息确定。通过系统提供的 Shell 接口可以操作 Linux 系统。

4.1.2　Linux 用户管理机制

Linux 中的用户管理涉及 3 个文件，这些文件为纯文本文件，可以使用 cat 等命令来查看其内容。

用于保存用户账号的文件/etc/passwd，如图 4.1.1 所示。

```
[root@localhost opt]# cat /etc/passwd
root:x:0:0:root:/root:/bin/bash
bin:x:1:1:bin:/bin:/sbin/nologin
daemon:x:2:2:daemon:/sbin:/sbin/nologin
adm:x:3:4:adm:/var/adm:/sbin/nologin
lp:x:4:7:lp:/var/spool/lpd:/sbin/nologin
sync:x:5:0:sync:/sbin:/bin/sync
```

图 4.1.1

/etc/passwd 记录了每个用户的必要信息，文件中的每一行对应一个用户的信息，每行的每个字段之间使用"冒号"分隔，共 7 个字段，每一个字段的含义为：

用户名:密码:UID:GID:用户的描述信息:主目录:登录的 Shell 类型

表 4.1.2 列出了每个字段的作用。

表 4.1.2 /etc/passwd 内容参数解析

字　段	说　明
用户名	用户账号名称，用户登录时所使用的用户名
密码	用户密码，使用字母“x”来填充该字段，真正的密码保存在/etc/shadow 文件中
UID	用户编号，唯一表示某用户的数字标识
GID	用户所属的组号，该数字对应/etc/group 文件中的 GID
用户描述信息	可选的关于用户全名、用户电话等描述性信息
主目录	用户的宿主目录，用户成功登录后的默认目录
命令解释器	用户所使用的 Shell，默认为“/bin/bash”

用于保存用户密码的文件/etc/shadow，如图 4.1.2 所示。

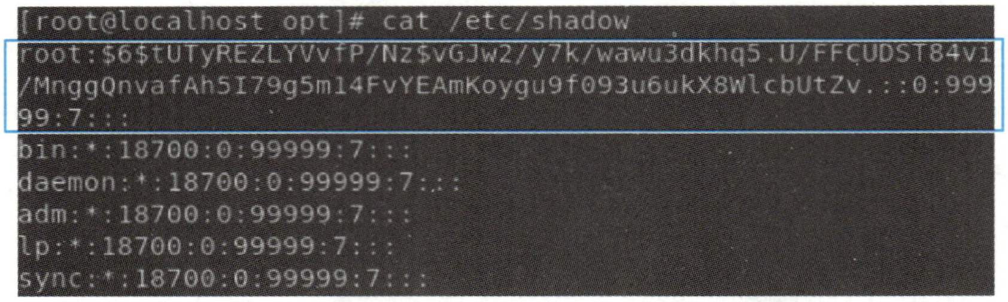

```
[root@localhost opt]# cat /etc/shadow
root:$6$tUTyREZLYVvfP/Nz$vGJw2/y7k/wawu3dkhq5.U/FFCUDST84vi
/MnggQnvafAh5I79g5m14FvYEAmKoygu9f093u6ukX8WlcbUtZv.::0:999
99:7:::
bin:*:18700:0:99999:7:::
daemon:*:18700:0:99999:7:::
adm:*:18700:0:99999:7:::
lp:*:18700:0:99999:7:::
sync:*:18700:0:99999:7:::
```

图 4.1.2

shadow 文件为文本文件，但这个文件只有超级用户才能读取，普通用户没有权限读取。shadow 文件每条由 9 个字段组成，每一个字段的含义分别为：用户名、密码、上次修改密码的时间、两次修改密码间隔的最少天数、两次修改密码间隔的最多天数、提前多少天警告用户密码过期、在密码过期多少天后禁用此用户、用户过期时间、保留字段。

表 4.1.3 列出了每个字段的作用。

表 4.1.3 /etc/shadow 内容参数解析

字　段	说　明
用户名	用户登录名
密码	加密后的用户密码，“＊”表示非登录用户，“!!”表示没设置密码
上次修改密码的时间	距用户最近一次密码被修改的天数
两次修改密码间隔的最少天数	即最短密码存活期
两次修改密码间隔的最多天数	即最长密码存活期
提前多少天警告用户密码过期	密码过期前几天提醒用户更改密码

续表

字 段	说 明
在密码过期多少天后禁用此用户	密码过期后几天账户被禁用
用户过期时间	密码被禁用的具体日期（相对日期，从 1970 年 1 月 1 日至禁用时的天数）
保留字段	保留字段，用于功能扩展

用于保存用户组的文件/etc/group，如图 4.1.3 所示。

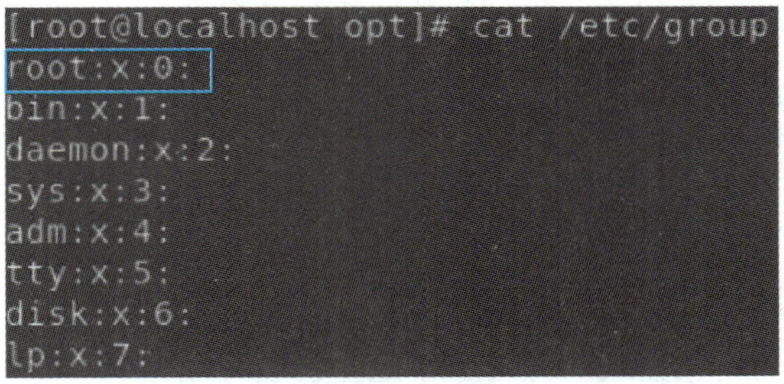

```
[root@localhost opt]# cat /etc/group
root:x:0:
bin:x:1:
daemon:x:2:
sys:x:3:
adm:x:4:
tty:x:5:
disk:x:6:
lp:x:7:
```

图 4.1.3

group 文件用于保存用户组的所有信息，通过它可以更好地对系统中的用户进行管理，每一个字段的含义分别为：组名、组密码、组标识号、组内用户列表。

表 4.1.4 列出了每个字段的作用。

表 4.1.4 /etc/group 内容参数解析

字 段	说 明
组名	组的名称，可以由字母、数字、下划线组成，组名是唯一的，不可重复
组密码	这个字段一般很少使用，Linux 系统的组都没有密码，所以这个字段一般为空
组标识号	GID 和 UID 类似，也是一个整数，用于唯一标识一个组
组内用户列表	属于这个组的用户列表，不同用户之间用逗号分隔，不能有空格

4.2 Linux 用户管理命令

Linux 系统提供了一系列的命令来管理系统中的用户。本节主要介绍用户的添加、删除、修改等操作。

4.2.1　添加用户命令 useradd

1. 命令简介
useradd 命令用来建立用户账号和创建用户的起始目录。

2. 命令语法

> useradd [option] username

option：useradd 命令的选项。

username：需要添加的用户名。

3. 命令参数
命令参数见表 4.2.1。

表 4.2.1　useradd 命令参数

参　　数	作　　用
-c	用户的注释性信息
-d	指定用户的主目录
-g	用户所属主组群的名称或者 GID
-G	用户所属的附属组群列表，多个组群之间用逗号分隔
-m	若用户主目录不存在则创建它
-M	不创建用户主目录
-n	不为用户创建用户私人组群
-p	加密的密码
-r	创建 UID 小于 500 的不带主目录的系统账号
-s	指定用户的登录 Shell，默认为 "/bin/bash"
-U	指定用户的 UID，必须是唯一的，且大于 499

4. 命令实例演示
（1）添加用户 user1。

> useradd user1

（2）添加用户 user2 并指定主目录为/opt/user2。

> useradd -d /opt/user2 user2

（3）添加用户 user3，UID 为 1010，用户的主目录为/home/user3，用户的 Shell 为/bin/bash，用户的密码为 123456，账户永不过期。

```
useradd -u 1010 -d /opt/user3 -s /bin/bash -p 123456 -f -1 user3
```

4.2.2 更改用户命令 usermod

1. 命令简介

要对已有的用户信息进行修改，可以使用 usermod 命令。

2. 命令语法

```
usermod [option] username
```

option：usermod 命令的选项。

username：需要修改的用户名。

3. 命令参数

命令参数见表 4.2.2。

表 4.2.2　usermod 命令参数

参　　数	作　　用
-c	填写用户账户的备注信息
-d -m	参数-m 与参数-d 连用，可重新指定用户的家目录并自动把旧的数据转移过去
-e	账户的到期时间，格式为"YYYY-MM-DD"
-g 或者-G	变更所属用户组
-L	锁定用户，禁止其登录系统
-U	解锁用户，允许其登录系统
-s	变更默认终端
-u	修改用户的 UID

4. 命令实例演示

（1）将 user1 用户加入 root 组中，并使用"id"命令查看是否添加成功，如图 4.2.1 所示。

```
[root@localhost ~]# usermod -G root user1
[root@localhost ~]# id user1
uid=1000(user1) gid=1000(user1) groups=1000(user1),0(root)
```

图 4.2.1

（2）将用户 user1 的 UID 号设置 5000，并使用"id"命令查看 user1 用户的 UID，如图 4.2.2 所示。

```
[root@localhost ~]# usermod -u 5000 user1
[root@localhost ~]# id user1
uid=5000(user1) gid=1000(user1) groups=1000(user1),0(root)
```

图 4.2.2

（3）修改用户 user1 的主目录为/var/user1，修改启动 Shell 为/sbin/nologin。修改完成后使用"cat /etc/passwd|grep user1"命令查看修改后的状态，如图 4.2.3 所示。

图 4.2.3

4.2.3　删除用户命令 userdel

1. 命令简介

userdel 命令用于删除已经创建好的用户。

2. 命令语法

userdel［option］username

option：usedel 命令的选项。

username：需要删除的用户名。

3. 命令参数

命令参数见表 4.2.3。

表 4.2.3　userdel 命令参数

参　　数	作　　用
-r	删除用户主目录及目录中所有的文件，同时删除用户的其他信息，如设置的 crontab 任务等

注意：

（1）如果不加-r 选项，userdel 命令会在系统中所有与账户有关的文件中（如/etc/passwd、/etc/shadow、/etc/group）将用户的信息全部删除。

（2）如果加-r 选项，则在删除用户账户的同时，还将用户主目录及其下的所有文件和目录全部删除。

4. 命令实例演示

（1）删除 user1 但不删除主目录。

userdel user1

（2）删除 user2 并且删除主目录。

userdel -r user2

4.2.4 设置用户密码命令 passwd

1. 命令简介

出于系统安全考虑，当建立用户后，需要设置其对应的密码。设置修改 Linux 用户的密码可以使用 passwd 命令。root 用户可以更改任何用户的密码，普通用户只能修改自己的密码。

2. 命令语法

passwd [option] username

option：passwd 命令的选项。

username：需要设置密码的用户。

3. 命令参数

命令参数见表 4.2.4。

表 4.2.4 passwd 命令参数

参数	作用
-l	锁定（停用）用户账户
-u	密码解锁
-d	将用户密码设置为空，这与未设置密码的账户不同，未设置密码的账户无法登录系统，而密码为空的账户可以
-f	强迫用户下次登录时必须修改密码
-n	指定密码的最短存活期
-x	指定密码的最长存活期
-w	密码要到期前提前警告的天数
-i	密码过期后多少天停用账户
-S	显示用户密码是否被锁定，以及密码所采用的加密算法名称

4. 命令实例演示

（1）修改 root 用户密码为"123456"，如图 4.2.4 所示。

（2）锁定 user1 用户，并测试密码是否被锁定，如图 4.2.5 所示。

图 4.2.4

图 4.2.5

4.2.5 切换用户命令 su

1. 命令简介

su 命令用于在不同的用户之间切换。例如，使用 user1 登录了系统，但要执行一些管理操作，如普通用户 useradd 是没有这个权限的。解决方法有以下两种。

（1）退出 user1 用户，重新以 root 用户登录系统。

（2）不需要退出 user1 用户，通过使用 su 命令切换到 root 下进行添加用户的工作，添加完成后再以 su 命令切换回 user1。

超级用户 root 切换到普通用户是不需要密码的，而普通用户之间的切换或切换到 root 都需要输入密码。

2. 命令语法

su［option］username

option：su 命令的选项。

username：需要切换的用户。

3. 命令参数

命令参数见表 4.2.5。

表 4.2.5　su 命令参数

参　数	作　用
-l	登录并改变到所切换的用户环境
-c	执行一个命令，然后退出所切换的用户环境

4. 命令实例演示

（1）从 root 用户切换到 user1 用户，并使用"id"命令查看用户状态，如图 4.2.6 所示。

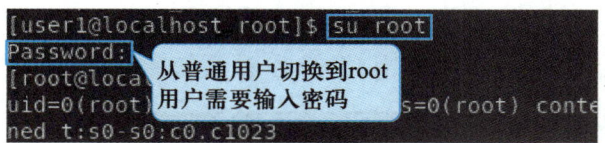

图 4.2.6

（2）从 user1 用户切换到 root 用户，并使用"id"命令查看用户状态，如图 4.2.7 所示。

图 4.2.7

4.2.6 提权命令 sudo

1. 命令简介

在 Linux 系统中，普通用户的日常操作权限是受到限制的，如何让普通用户在必要时也可以进行一些系统管理工作，sudo 命令很好地解决了这个问题。通过 sudo 命令可以允许用户通过特定的方式使用需要 root 才能运行的命令或程序。

sudo 命令允许一般用户不需要知道 root 用户的密码即可获得超级管理员权限。Linux 系统将普通用户或组的身份执行等信息都登记在/etc/sudoers 文件中，这样就能完成对用户或组的授权。

2. 命令语法

sudo [option] command

option：sudo 命令的选项。
command：需要执行的命令。

3. 命令参数

命令参数见表 4.2.6。

表 4.2.6　sudo 命令参数

参　　数	作　　用
-g	强制把某个 ID 分配给已经存在的用户组，该 ID 必须是非负并且唯一的值
-b	在后台执行命令

参　数	作　用
-h	显示帮助
-k	结束密码的有效期限，下一次再执行 sudo 时仍需要输入密码
-l	列出目前用户可执行与无法执行的命令
-s	执行指定的 Shell
-u	以指定的用户作为新的身份。若不加上此参数，则默认以 root 作为新的身份

4. 命令实例演示

通过 sudo 命令让 user1 用户可以使用 fdisk 查看系统磁盘状态，如图 4.2.8 所示。

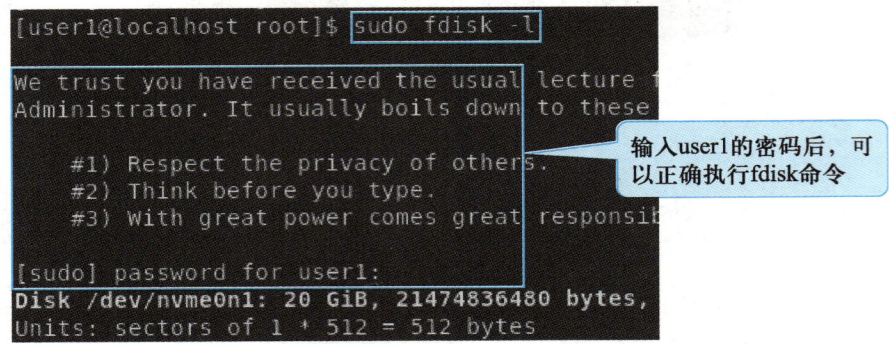

图 4.2.8

4.3　Linux 组管理命令

Linux 系统提供了一系列的命令来管理系统中的组。本节主要介绍组的添加、删除、修改，以及将用户加入组。

4.3.1　添加组命令 groupadd

1. 命令简介

groupadd 命令实现用户组的添加。

2. 命令语法

groupadd [option] groupname

option：groupadd 命令的选项。

groupname：需要添加的组名。

3. 命令参数

命令参数见表 4.3.1。

表 4.3.1 groupadd 命令参数

参　数	作　用
-g	强制把某个 ID 分配给已存在的用户组，该 ID 必须是非负并且唯一的值
-o	允许多个不同的用户组使用相同的用户组 ID
-p	用户组密码
-r	创建一个系统组

4. 命令实例演示

添加一个新的组，组名为 group1。

```
groupadd group1
```

4.3.2 删除组命令 groupdel

1. 命令简介

groupdel 实现用户组的删除，如果该群组中仍然包括某些用户，则必须先删除这些用户后，才能删除群组。

2. 命令语法

```
groupdel [option] groupname
```

option：groupdel 命令的选项。

groupname：需要删除的组。

3. 命令参数

命令参数见表 4.3.2。

表 4.3.2 groupdel 命令参数

参　数	作　用
-h	显示此帮助信息并退出
-R	递归地删除用户组的主目录及其所有内容

4. 命令实例演示

删除 group1 组。

```
groupdel group1
```

4.3.3 修改组命令 groupmod

1. 命令简介

groupmod 命令可以更改用户组的组 ID 或名称。

2. 命令语法

```
groupmod [option] groupname
```

option：groupmod 命令的选项。

groupname：需要修改的组。

3. 命令参数

命令参数见表 4.3.3。

表 4.3.3 groupmod 命令参数

参 数	作 用
-g	修改组 GID
-n	修改组名
-o	允许使用重复的 GID

4. 命令实例演示

将 group1 组的 GID 修改成 2000，将组群名称修改成 group2。并使用 "cat /etc/group | grep group" 命令查看是否修改成功，如图 4.3.1 所示。

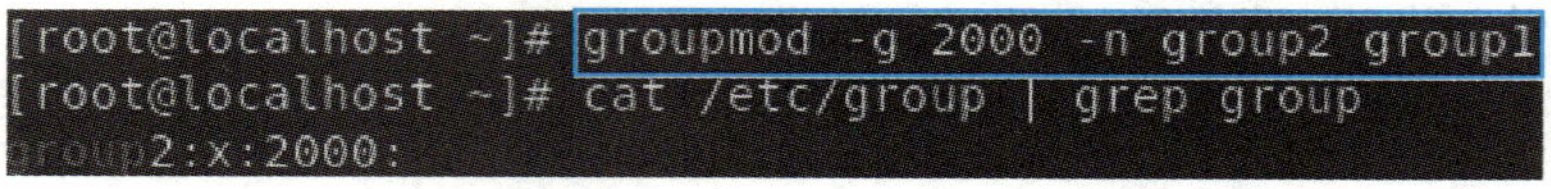

```
[root@localhost ~]# groupmod -g 2000 -n group2 group1
[root@localhost ~]# cat /etc/group | grep group
group2:x:2000:
```

图 4.3.1

4.3.4 指定组管理员命令 gpasswd

1. 命令简介

gpasswd 用于指定组管理员和为组设置密码。

2. 命令语法

```
gpasswd [option] groupname
```

option：gpasswd 命令的选项。

groupname：需要配置的组名。

3. 命令参数

命令参数见表 4.3.4。

表 4.3.4 gpasswd 命令参数

参数	作用
-a	把用户加入组
-d	把用户从组中删除
-r	取消组的密码
-A	给组指派管理员

4. 命令实例演示

（1）将 user1 用户加入 user2 组。

gpasswd -a user1 user2

（2）指派 user1 用户为管理员。

gpasswd -A user1 user2

4.4 ACL 访问控制权限

在 Linux 普通用户权限系统中，用户对文件只有三种身份，就是属主、属组和其他人，每种身份都可以拥有读（read）、写（write）和执行（execute）三种权限。但是在解决实际问题的时候，仅有这三种权限是不够的。

在 Linux 系统中，ACL（Access Control List，访问控制列表）用于设定用户针对文件的权限，用来解决一些更复杂的权限问题。本节主要介绍 ACL 的相关内容。

4.4.1 ACL 命令介绍

1. getfacl

（1）命令简介。

getfacl 命令用于显示文件或目录的 ACL 策略。

(2)命令语法。

getfacl [option] file

option：getfacl 命令的选项。

file：需要查看 ACL 权限的文件。

(3)命令参数见表 4.4.1。

表 4.4.1　getfacl 命令参数

参　　数	作　　用
-a	显示文件的 ACL
-d	显示默认的 ACL
-c	不显示注释标题
-e	显示所有的有效权限
-E	显示所有的无效权限
-s	跳过文件，只具有基本条目
-R	递归到子目录
-t	使用表格输出格式
-n	显示用户的 UID 和组群的 GID

2. setfacl

(1)命令简介。

setfacl 命令用于设置文件访问控制列表。

(2)命令语法。

setfacl [option] file

option：setacl 命令的选项。

file：需要修改 ACL 权限的文件。

(3)命令参数见表 4.4.2。

表 4.4.2　setfacl 命令参数

参　　数	作　　用
-b	删除所有扩展的 ACL 条目。所有者、组和其他所有者的基本 ACL 条目将保留
-k	删除默认 ACL。如果不存在默认 ACL，则不会发出警告
--mask	即使已明确给出 ACL 掩码条目，也要重新计算有效权限掩码
-d	所有操作均适用于默认 ACL。输入集中的常规 ACL 条目将提升为默认 ACL 条目。输入集中的默认 ACL 条目将被丢弃

参　　数	作　　用
–test	测试模式。列出更改后的 ACL 而不是更改任何文件的 ACL
–R	递归地将操作应用于所有文件和目录。此选项不能与"––restore"混合使用

（4）setfacl 可以识别的 ACL 条目格式见表 4.4.3。

表 4.4.3　ACL 格式

参　　数	作　　用
[d[efault]:][u[ser]:]uid[:perms]	用户标识为 uid 的用户的权限，或者如果 uid 为空，则为文件所有者的权限
[d[efault]:]g[roup]:gid[:perms]	组 ID 为 gid 的组的权限，如果 gid 为空，则为所属组的权限
[d[efault]:]m[ask][:][:perms]	有效的权限掩码
[d[efault]:]o[ther][:][:perms]	其他人的许可

4.4.2　ACL 实例演示

1. 实例说明

某公司要求创建一个公共的目录，路径为/techfile 。公司中技术部的每个员工都可以访问和修改这个目录，总经理需要对这个目录拥有访问和修改权限，其他部门的员工不能访问这个目录。

为了满足以上要求可以做如下配置：总经理使用 root 用户，作为这个目录的属主，权限为"rwx"；技术部所有的员工都加入 techg 组，使 techg 组作为/techfile 目录的属组，权限是"rwx"；其他人的权限设定为 0。这样这个目录的权限就能符合要求了。

后来，公司来了一位新的员工 em1，需要访问/techfile 目录，所以必须赋予该员工对这个目录的"r"和"x"权限，但又不能赋予他"w"权限，所以员工 em1 的权限就是"r-x"。

2. 实例分析

如果出现上述情况，我们来分析以下配置。

（1）将 em1 用户变为属主，这样总经理（root 用户）就没有权限了。

（2）将 em1 用户加入 techg 组。这样做也不行，因为 techg 组的权限是"rwx"，但是 em1 员工的权限是"r-x"。

（3）将其他人的权限改为"r-x"，那么公司所有员工都可以访问/techfile 目录了。

当出现这种情况时，普通权限中的三种身份就不够用了。ACL 权限就是为了解决这个问题的。在使用 ACL 权限给用户 em1 赋予权限时，em1 既不是 /techfile 目录的属主，也不是属组，仅仅赋予用户 em1 针对此目录的 "r-x" 权限。这有点类似于 Windows 系统中分配权限的方式，单独指定用户并单独分配权限，这样就解决了用户身份不足的问题。

具体设置方案是：root 是 /techfile 目录的属主，权限是 "rwx"；techg 是此目录的属组，techg 组中拥有公司员工 em2 和 em3，权限是 "rwx"；其他人的权限是 0。当新员工 em1 来后，权限是 "r-x"。

3. 具体配置过程

（1）添加配置需要的用户和组，如图 4.4.1 所示。

```
[root@localhost ~]# useradd em1
[root@localhost ~]# useradd em2
[root@localhost ~]# useradd em3
[root@localhost ~]# groupadd techg
```

图 4.4.1

（2）创建 techfile 目录，并修改 techfile 目录的属组为 techg，如图 4.4.2 所示。

```
[root@localhost ~]# mkdir /techfile
[root@localhost ~]# chown root:techg /techfile
```

图 4.4.2

（3）配置员工 em1 的 acl 权限。

setfacl -m u:em1:rx /techfile

使用 "u：用户名：权限" 的格式，将读和执行权限赋予 em1 用户。

（4）此时使用命令 "ls -l -d /techfile" 查看 techfile 文件属性，发现权限后面多了一位 "+" 号，表示此目录拥有 ACL 权限，如图 4.4.3 所示。

```
[root@localhost /]# ls -l -d techfile
drwxr-xr-x+ 2 root techg 6 Jul 25 05:28 techfile
```

图 4.4.3

（5）使用 getfacl 命令查看 techfile 目录的 ACL 权限，如图 4.4.4 所示。

```
[root@localhost /]# getfacl techfile
# file: techfile
# owner: root
# group: techg
user::rwx
user:em1:r-x
group::r-x
mask::r-x
other::r-x
```

图 4.4.4

表 4.4.4 列出了图 4.4.4 展示的每一项的含义。

表 4.4.4 getfacl 命令输出内容解析

参 数	作 用
#file:techfile	文件名
#owner:root	文件的所有者
#group:techg	文件的所有组
user::rwx	用户名"::"中间是空的，表示所有者的 ACL 权限
user:em1:r-x	用户 em1 的权限的 ACL 权限
group::r-x	组名"::"中间是空的，表示是所有组的 ACL 权限
mask::r-x	ACL 的 mask 权限
other::r-x	ACL 的其他人的权限

em1 用户既不是 /techfile 目录的属主、属组，也不是其他人。通过 ACL 权限单独给 em1 用户分配了"r-x"权限。

4.4.3 ACL 其他配置

1. 为 techfile 目录添加一个 techg2 组的 ACL 权限，权限为 rwx

（1）新建 techg2 组。

groupadd techg2

（2）为 techfile 目录配置 ACL 权限。

setfacl -m g:techg2:rwx /techfile

（3）使用 getfacl 命令查看 techfile 目录的 ACL 权限，如图 4.4.5 所示。

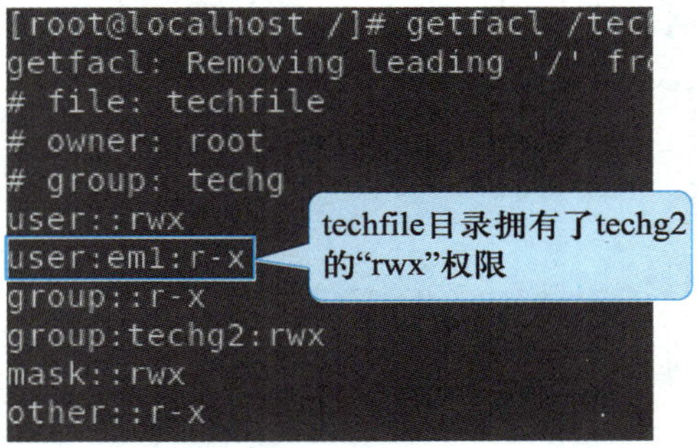

图 4.4.5

2. mask 权限

mask 是用来指定最大有效权限的。mask 的默认权限是"rwx",如果给 em1 用户赋予了"r-x"的 ACL 权限,em1 需要和 mask 的"rwx"权限相与才能得到 em1 的真正权限,也就是"r-x"相与"rwx"出的值是"r-x",所以 em1 用户拥有"r-x"权限。表 4.4.5 列出了权限相与运算。

表 4.4.5 mask 权限

权限 A	权限 B	相与(and)运算
r	r	r
w	-	-
x	x	x
-	-	-

配置 techfile 目录的 mask 文件的权限为 r-x,使用格式为"m:权限"。

(1)配置 techfile 目录的 mask 权限。

```
setfacl -m m:rx /techfile
```

(2)使用 getfacl 命令查看 techfile 目录的 ACL 权限,如图 4.4.6 所示。

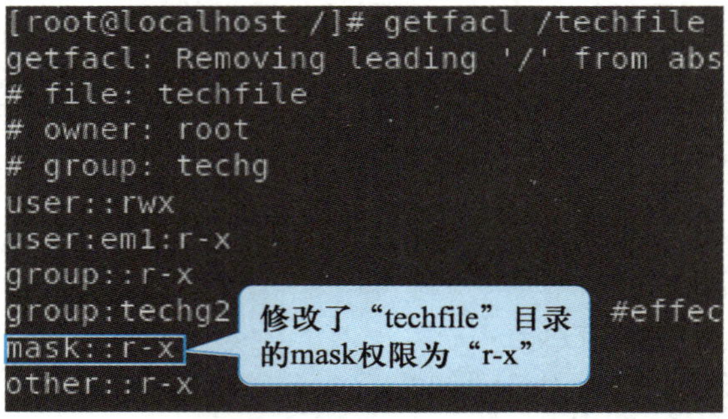

图 4.4.6

3. 删除指定的 ACL 权限

删除 techfile 目录的 em1 用户的 ACL 权限。

```
setfacl -x u:em1 /techfile
```

4. 删除所有的 ACL 权限

删除 techfile 目录的所有的 ACL 权限

```
setfacl -b /techfile
```

项 目 测 试

1. 选择题

（1）改变用户属组的命令是（　　）。

　　A. usermod

　　B. groupmod

　　C. chgrp

　　D. 以上都不能

（2）关于 chmod 命令的说法错误的是（　　）。

　　A. chmod -R 可以递归改变目录中所有子目录和文件的权限

　　B. chmod 可以采用数字的方式指定文件权限

　　C. chmod 可以采用字母的方式指定文件权限

　　D. chmod 可以通过改变文件的所有者来控制文件的权限

（3）创建用户的命令是（　　）。

　　A. useradd

　　B. adduser

　　C. groupadd

　　D. add

（4）Linux 将操作一个文件的用户分为（　　）。

　　A. 所有者

　　B. 同组用户

　　C. 其他用户

　　D. 以上都是

（5）关于用户和组说法错误的是（　　）。

　　A. 每个用户只属于一个组

　　B. 每个组内的用户共享一批权限

　　C. 删除用户不会删除私有组

　　D. 系统用 UID 和 GID 来表示用户以及组

（6）目录的权限包括（　　）。

　　A. 可读

B. 可写

C. 可执行

D. 以上都是

(7) 711 表示的文件权限是（　　）。

  A. 属主有读写执行权限，同组人和其他人只有读权限

  B. 属主有读写执行权限，同组人和其他人有读和执行权限

  C. 每个人都有可执行权限

  D. 每个人都有可读权限

(8) 权限 741 可以表示为"rwxr---x"，那么权限 652 是（　　）。

  A. rwxr-x-w-

  B. r-xrwx-wx

  C. r-xrwx-w-

  D. rw-r-x-w-

(9) 以下命令可以更改指定用户相关信息的是（　　）。

  A. user

  B. usermod

  C. userinfo

  D. infouser

2. 操作题

(1) 创建一个新用户 user01，设置其主目录为/home/user01。

(2) 查看/etc/passwd 文件的最后一行。

(3) 查看/etc/shadow 文件的最后一行。

(4) 给用户 user01 设置密码。

(5) 再次查看/etc/shadow 文件的最后一行。

(6) 使用 user01 用户登录系统，测试能否登录成功。

(7) 锁定用户 user01。

(8) 查看/etc/shadow 文件的最后一行。

(9) 再次使用 user01 用户登录系统，测试能否登录成功。

(10) 解除对用户 user01 的锁定。

项目5 软件的安装与管理

在日常使用操作系统时,经常会安装或者卸载软件。Linux 系统是完全开源的系统。随着开源软件的不断发展,对于软件的管理成了 Linux 非常重要的一个问题。通过本项目可以学会两种 Linux 软件管理器,即 RPM 和 YUM 的基本使用,并学会使用软件管理器管理命令安装、卸载和更新软件管理器。

从本项目可以学习到:

◆ Linux 系统软件管理基础。
◆ RPM 软件管理器的使用。
◆ YUM 软件管理器的使用。

5.1 RPM 软件管理器

完善的软件管理机制对于操作系统来说是非常重要的。用户使用 Linux 系统时需要了解 Linux 的软件管理机制。随着 Linux 的发展，目前形成了多种软件管理机制，本节主要介绍 RPM 软件管理器的使用。

5.1.1 RPM 简介

RPM（redhat package manager）类似于 Windows 系统里面的添加删除程序，最早由 RedHat 公司研制。RPM 的软件安装文件以".rpm"为扩展名，同时 RPM 也是一种软件管理器，用户可以通过 RPM 软件管理器方便地进行软件的安装、更新和卸载。

RPM 提供了非常丰富的功能，RPM 的软件安装文件是通过一定的机制把二进制文件或其他文件打包成一个文件。当使用 RPM 进行安装时，通常是一个把二进制程序或其他文件复制到系统指定路径的过程。

5.1.2 RPM 的使用

RPM 包对应 rpm 命令，见表 5.1.1。

表 5.1.1 rpm 命令参数

参　数	说　明
-i	安装软件时显示软件的相关信息
-v	安装软件时显示命令的执行过程
-h	安装软件时输出 hash 记号":#"
-q	使用查询模式，当遇到问题时，rpm 指定会先询问用户
-p	查询软件安装时，软件安装文件的数量
-l	显示软件的文件列表
-U	升级指定的软件
-e	从系统中删除指定的软件
-a	显示安装的所有软件列表

5.1.3 RPM 实例演示

1. 实例说明

通过 RPM 软件管理器，安装 mdadm 工具（动态磁盘创建工具）。

2. 具体步骤

（1）mdadm 工具的安装文件在 Linux 安装光盘的镜像文件中，首先挂载 Linux 的安装光盘到/opt/cd 目录下，如图 5.1.1 所示。

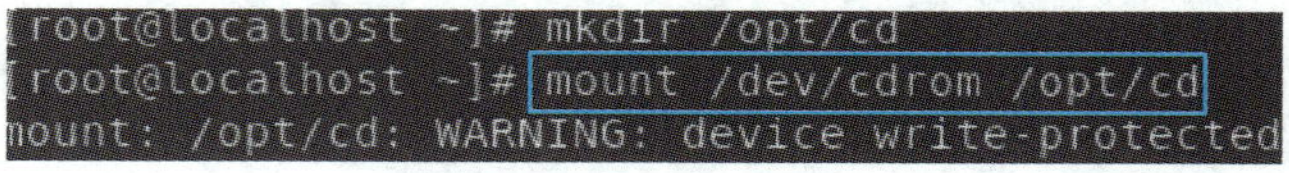

图 5.1.1

（2）mdadm 安装包路径为/opt/cd/BaseOS/Packages。进入该目录后输入命令"ls -l mdadm"，按 Tab 键，就能看到 mdadm 安装包的完整名称，如图 5.1.2 所示。

图 5.1.2

（3）使用命令"rpm -ivh"安装 mdadm 工具，如图 5.1.3 所示。

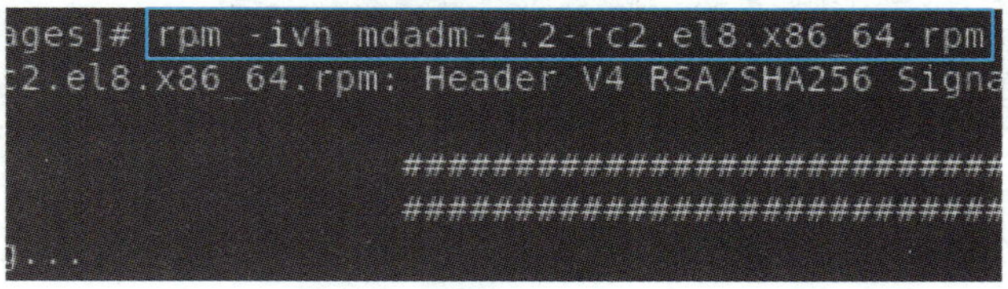

图 5.1.3

（4）使用"rpm -qpl"命令查看 mdadm 工具的安装位置和安装的文件列表，如图 5.1.4 所示。

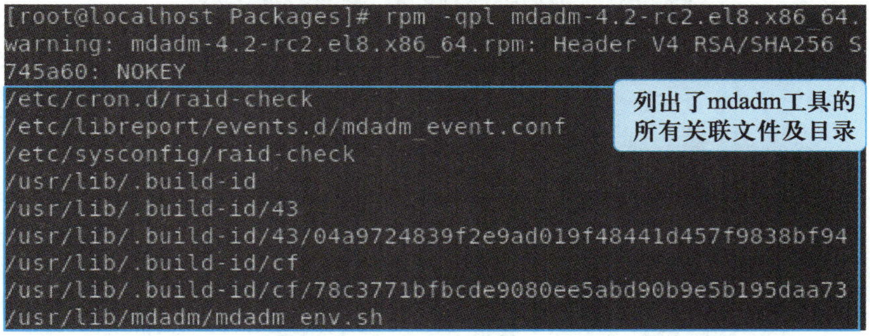

图 5.1.4

5.1.4 RPM 其他应用

1. 强制安装与软件更新

在 Linux 安装软件时，有时会出现相互依赖的问题，这会导致软件不能安装。这时可以使用 "nodeps" 和 "force" 参数跳过软件的依赖检查，从而完成软件的安装。图 5.1.5 演示了跳过依赖检查安装 ftp 工具。

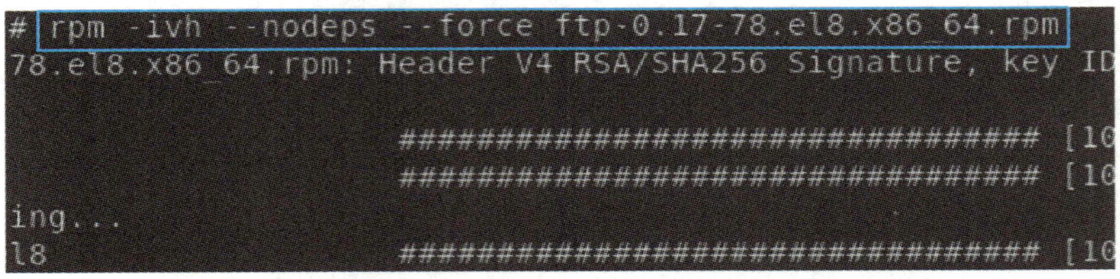

图 5.1.5

使用 "rpm -Uvh" 命令可以更新已经安装好的软件。更新软件时，如果有配置文件，为了保证新版本的运行，RPM 软件管理器会将该软件对应的配置文件重命名，然后安装新的配置文件，新旧文件的保存使得用户有了更多选择。图 5.1.6 演示了升级 mdadm 工具。

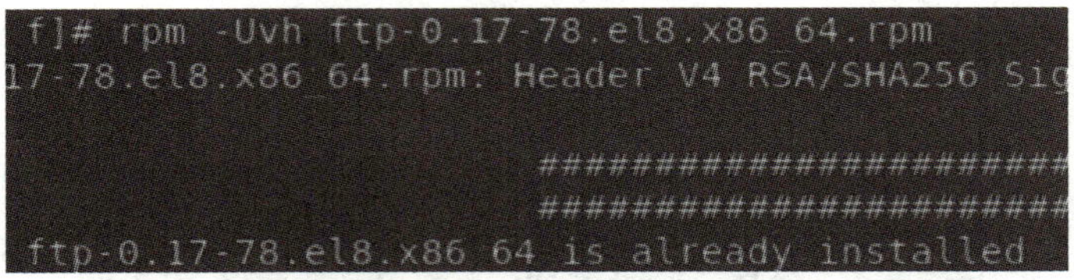

图 5.1.6

2. 查看系统中已经安装的软件

使用 "rpm -qa" 命令可以查看系统中所有的软件，如图 5.1.7 所示。

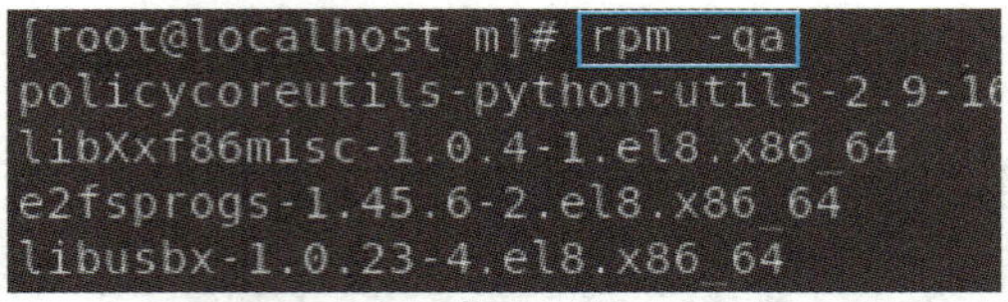

图 5.1.7

使用 "rpm -qa | grep ftp" 命令可以查看已经完成安装的 ftp 软件，如图 5.1.8 所示。

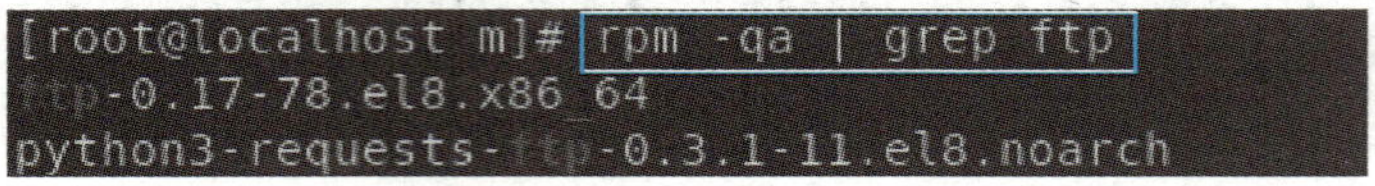

图 5.1.8

3. 卸载软件

RPM 软件管理器提供了对应的参数进行软件的卸载。如果卸载的软件被其他软件依赖，则需要先将依赖软件卸载后，才能卸载当前软件。下面示例演示了卸载 mdadm 工具。

（1）通过"rpm -qa"命令查找是否安装了 mdadm 软件，如图 5.1.9 所示。

图 5.1.9

（2）由于卸载 mdadm 有关联的软件，所以要使用"rpm -e --nodeps"命令跳过关联软件检查。卸载完成后使用"mdadm --help"命令查看是否卸载成功，如图 5.1.10 所示。

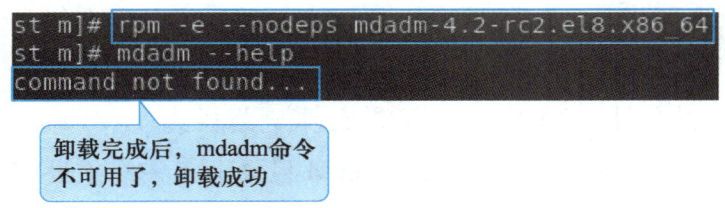

卸载完成后，mdadm命令不可用了，卸载成功

图 5.1.10

5.2 YUM 软件管理器

YUM（yellow dog updater，modified）是一个在 Fedora 和 RedHat 及 CentOS 中的 Shell 前端软件管理器。基于 RPM 软件管理，能够从指定的服务器自动下载 RPM 软件并且安装。使用 YUM 安装软件，无须像 RPM 一样手动安装依赖软件，YUM 会自动安装所有对应的依赖软件。本节将介绍 YUM 软件管理器。

5.2.1 YUM 软件安装源介绍

YUM 软件安装源是一个软件仓库，或者说是软件的集合，仓库可以是远程仓库，也可以是本地仓库。

YUM 软件安装源的设置是为了方便日后对软件的管理，解决 RPM 安装软件时可能产生的软件依赖。

通常企业会设置自己的 YUM 软件安装源，方便企业对 Linux 系统的软件管理。

5.2.2 YUM 软件管理器配置文件介绍

YUM 配置文件路径为/etc/yum.conf，表 5.2.1 列出了 yum.conf 文件的各项参数解析。

表 5.2.1 /etc/yum.conf 内容参数解析

参　　数	功　　能
gpgcheck = 1	是否检查 GPG
installonly_limit = 3	允许保留内核包的数量
clean_requirements_on_remove = True	删除软件时是否将关联的软件一并删除
best = True	是否安装最佳的架构软件
skip_if_unavailable = False	是否安装没有信任的软件

YUM 软件仓库配置文件（YUM 的更新源文件）路径为/etc/yum.conf.d/*.repo，可以同时配置多个源文件，默认情况下/etc/yum.conf.d 目录下有一些预设的源文件，这些都是远程仓库。图 5.2.1 展示了 CentOS 8.3 的预设远程仓库文件。

```
[test1@localhost /]$ cd /etc/yum.repos.d/
[test1@localhost yum.repos.d]$ ls
CentOS-Linux-AppStream.repo            CentOS-Linux-Dev
CentOS-Linux-BaseOS.repo               CentOS-Linux-Ext
CentOS-Linux-ContinuousRelease.repo    CentOS-Linux-Fas
CentOS-Linux-Debuginfo.repo            CentOS-Linux-Hig
```

图 5.2.1

repo 文件是 YUM 软件安装源的配置文件，通常 repo 文件定义了一个或者多个软件仓库参数。表 5.2.2 是对 repo 源文件的解析。

表 5.2.2 repo 内容参数解析

参　　数	功　　能
[appstream]	方括号中是软件源的名称，将被 YUM 取得并识别，必须是唯一
name	对软件仓库的描述，通常是为了方便阅读配置文件（可以不配置）
mirrorlist	软件仓库地址的合集，代表多个软件仓库地址
baseurl	软件仓库的地址，可以是远程地址，也可以是本地地址
gpgcheck	表示这个 repo 中下载的 RPM 将进行 gpg 的校验，以便确定 RPM 软件的来源是有效和安全的
enabled	表示这个 repo 中定义的源是启用的，0 为禁用
gpgkey	定义用于校验的 gpg 密钥

5.2.3 YUM 的使用

1. YUM 命令的语法

yum [options] [command] [package]

options：yum 命令可选项。
command：要进行的操作。
package：操作的对象。

2. YUM 命令介绍

YUM 命令介绍见表 5.2.3。

表 5.2.3 YUM 命令参数

命 令	功 能
yum install[package]	安装指定的软件
yum update[package]	更新指定的软件
yum check-update	检查可更新的软件
yum upgrade[package]	升级指定的软件
yum info[package]	显示要安装的软件信息
yum list	显示所有已经安装和可以安装的软件
yum list[package]	显示指定软件安装情况
yum remove[package]	删除软件
yum deplist[package]	查看当前软件的依赖
yum clean packages	清除缓存目录下的软件
yum clean all	清除缓存目录下的软件及旧的 headers

3. YUM 本地仓库搭建

使用 Linux 光盘镜像中的软件安装包搭建本地 YUM 仓库，仓库路径为/opt/warehouse。具体操作步骤如下所述。

（1）在/目录下创建临时目录 temp，并将光盘内容挂载/temp 目录，操作如图 5.2.2 所示。

```
[root@localhost /]# mkdir temp
[root@localhost /]# mount /dev/cdrom /temp
mount: /temp: WARNING: device write-protected, m
```

图 5.2.2

（2）创建/opt/warehouse 目录，然后分别将光盘中"AppStream"和"BaseOS"目录复制到/opt/warehouse 下，操作如图 5.2.3 所示。

```
[root@localhost /]# mkdir /opt/warehouse
[root@localhost /]# cp -rf /temp/AppStream/ /opt/warehouse/
[root@localhost /]# cp -rf /temp/BaseOS/ /opt/warehouse/
```

图 5.2.3

"AppStream"和"BaseOS"两个目录中保存了光盘镜像中的软件安装文件。

（3）创建 yum 仓库文件，进入/etc/yum.repo.d 目录，使用 mv 命令将预设的仓库文件移动到/opt/yum.repo.d 下，命令如下：

```
mv /etc/yum.repos.d/* /opt/yum.repo.d/
```

（4）回到/etc/yum.repo.d 目录中，新建一个名为 local.repo 的本地仓库文件，如图 5.2.4 所示。

```
[root@localhost yum.repos.d]# cd /etc/yum.repos.d/
[root@localhost yum.repos.d]# touch local.repo
```

图 5.2.4

（5）编辑 local.repo 文件，添加如图 5.2.5 所示的内容。

```
[warehousea]
name=AppStream
baseurl=file:///opt/warehouse/AppStream
enabled=1
gpgcheck=0

[warehouseb]
name=BaseOS
baseurl=file:///opt/warehouse/BaseOS
enabled=1
gpgcheck=0
```

图 5.2.5

表 5.2.4 列出了 local.repo 文件中各项参数的说明。

表 5.2.4 local.repo 内容参数解析

参　　数	功　　能
[warehousea]	仓库的名称，本例中为 warehousea
name=AppStream	仓库的描述，本例中为 AppStream
baseurl=file:///opt/warehouse/AppStream	仓库的路径地址；仓库的路径地址可以指向本地、ftp 和互联网，可分别配置为：file://、ftp:// 和 http://。注意 Linux 中一切都以根目录作为起始目录，所以路径开头要加上/。"file:///opt/warehouse/AppStream"表示仓库目录在"/opt/warehouse/Packages"下

参　　数	功　　能
enable=1	是否启用仓库，1为启用，0为不启用
gpgcheck=0	是否检查软件密钥，1为检查，0为不检查

4. 使用搭建好的本地仓库安装 BIND 服务

使用命令"yum install bind -y"，如图5.2.6所示。

图 5.2.6

5. 配置 YUM 远程更新源

在/etc/yum.repo.d 目录中有一些预设的远程源文件，但是这些文件的更新源地址都是国外的，由于网络原因会非常慢。所以在国内一般会将 YUM 源替换为国内源。用户只需要将这些更新源下载下来，并放到/etc/yum.repo.d 目录下就可以直接使用了。

使用下面的命令下载网易的 YUM 源：

wget http://＊＊＊（网易形源镜像站网址）/.help/CentOS7-Base-163.repo

wget 是 Linux 下的一个下载文件工具。

项 目 测 试

1. 选择题

（1）YUM 命令是用于（　　）。

　　A. 安装软件

　　B. 卸载软件

　　C. 升级软件

　　D. 所有选项都是正确的

（2）RPM 命令是用于（　　）。

　　A．安装软件

　　B．卸载软件

　　C．升级软件

　　D．所有选项都是正确的

（3）使用 YUM 命令升级软件时，应该使用（　　）。

　　A．yum install

　　B．yum remove

　　C．yum update

　　D．yum search

（4）使用 RPM 命令安装软件时，应该使用（　　）。

　　A．rpm -i

　　B．rpm -e

　　C．rpm -U

　　D．rpm -q

（5）使用 YUM 命令搜索软件时，应该使用（　　）。

　　A．yum install

　　B．yum remove

　　C．yum update

　　D．yum search

2. 操作题

（1）使用 RPM 命令安装 net-tools 软件。

（2）使用 RPM 命令升级 net-tools 软件。

（3）使用 RPM 卸载 net-tools 软件。

（4）将光盘内容挂载到/opt/app 目录下，使用 YUM 命令创建本地仓库。

（5）使用 YUM 命令安装 ftp 软件。

（6）使用 YUM 命令更新 ftp 软件。

（7）使用 YUM 命令卸载 ftp 软件。

项目6 Linux网络配置与管理

在互联网时代，计算机系统离不开网络。通过本项目的学习，了解 Linux 系统的网络配置，学会配置 Linux 网卡，并学会使用 Linux 网络管理命令测试网络。

从本项目可以学习到：

- ◆ Linux 系统的网络配置方法。
- ◆ Linux 系统的常用网络管理命令。

6.1 Linux 网络配置概述

使用计算机时首先要了解网络配置，本节主要介绍 Linux 系统的网络配置。

6.1.1 相关网络配置文件说明

Linux 网络相关的配置文件在不同的 Linux 发行版中会有所不同，但总体结构都比较类似。表 6.1.1 列出了 CentOS 8.3 系统的网络配置文件架构。

表 6.1.1 网络配置文件架构

目　录	说　明
/etc/sysconfig/network	该文件用于修改主机名称和启动 network
/etc/sysconfig/network-scrips/ifcfg-网卡名	该文件用于设置网卡参数的文件，如 IP 地址、掩码等
/etc/resolv.conf	该文件用于设置 DNS 相关的信息，用于将域名解析到 IP
/etc/hosts	该文件用于设置计算机的 IP 地址对应的主机名或对应的 IP 地址

6.1.2 为 Linux 系统配置 IP 地址

配置 Linux 虚拟机的 IP 地址为"192.168.107.100"、掩码为"255.255.255.0"、网关为"192.168.107.254"。具体配置步骤如下。

（1）使用 vi 工具编辑网卡配置文件，网卡配置路径为"/etc/sysconfig/network-scrips/ifcfg-网卡名"，其中网卡名根据每台虚拟机的网卡配置，可以通过 ifconfig 命令查看。本例中网卡名为"ens192"。网卡配置文件如图 6.1.1 所示。

```
TYPE=Ethernet
PROXY_METHOD=none
BROWSER_ONLY=no
BOOTPROTO=dhcp
DEFROUTE=yes
IPV4_FAILURE_FATAL=no
IPV6INIT=yes
IPV6_AUTOCONF=yes
IPV6_DEFROUTE=yes
IPV6_FAILURE_FATAL=no
NAME=ens192
UUID=3203173e-5fc9-4ab6-8dab-206f516a78e0
DEVICE=ens192
ONBOOT=no
```

图 6.1.1

（2）对/etc/sysconfig/network-scrips/ifcfg-ens192 配置文件进行修改，具体如图 6.1.2 所示。

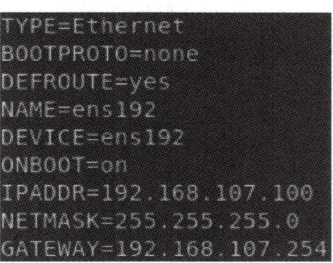

图 6.1.2

表 6.1.2 列出了/etc/sysconfig/network-scrips/ifcfg-ens192 各项参数的含义。

表 6.1.2　/etc/sysconfig/network-scrips/ifcfg-ens192 内容参数解析

参　　数	说　　明
TYPE	网络类型，"Ethernet"表示以太网
BOOTPROTO	动态或者静态 IP，"none"和"static"为静态，"dhcp"为动态
NAME	网络名称，描述符
DEVICE	网卡设备名称
NOBOOT	系统启动时是否启动此网络接口，"yes"为启动，"no"为不启动
IPADDR	IP 地址
NETMASK	子网掩码
GATEWAY	网关
DEFROUTE	是否有预设路由

（3）设置完地址参数后，需要重启网络服务才能生效，使用以下命令完成网络服务重启。

```
systemctl restart NetworkManager
nmcli networking off
nmcli networking on
```

6.1.3　配置主机名

主机名是识别计算机在网络中的标识，设置主机名可以使用 hostnamectl 命令。将 Linux 主机名配置为 homeLinux，操作如图 6.1.3 所示。

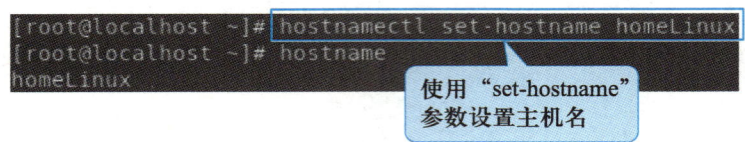

图 6.1.3

6.1.4 配置 DNS 服务器地址

配置 Linux 系统的 DNS 服务器，需要修改配置文件/etc/resolve.conf。将 Linux 系统的 DNS 服务器配置为 172.16.1.1，如图 6.1.4 所示。

图 6.1.4

"nameserver 172.16.1.1"是一台 DNS 服务器的地址。DNS 服务器地址可以设置为一个或多个，在解析时会按顺序往下解析。

6.1.5 SSH 远程管理

1. SSH 协议概述

SSH 是一款远程管理工具，通过 SSH 客户端，用户可以连接到运行了 SSH 服务器的主机上，并且通过 SSH 协议控制远程主机。SSH 协议在数据传输时是加密的，这提高了数据传输的安全性，并且数据在传输的过程中是压缩的，这样又保证了数据传输的效率。

2. SSH 命令格式

> ssh [-p port] user@remote

user：是在远程主机上的用户名，如果不指定默认为当前用户。

remote：是远程主机的地址，可以是 IP、域名或别名。

port：是 ssh server 监听的端口，如果不指定就为默认值 22。

3. SSH 配置实例

（1）实例说明

在 CentOS 8.3 主机上开启了 SSH 服务。默认情况下 Linux 系统会安装 SSH 服务器并且设置为开机自动启动。在配置 SSH 服务器时，只需要配置对应服务器的 IP 地址即可。

（2）实验环境

表 6.1.3 列出了实验需要用到的虚拟机。

表 6.1.3 实验虚拟机配置信息

角　　色	操 作 系 统	IP 地址
SSH 服务器	CentOS 8.3	192.168.107.100
访问客户端	CentOS 8.3	192.168.107.96

（3）具体步骤

① 使用 vi 编辑/etc/sysconfig/network-scrips/ifcfg-ens192 网卡配置文件，配置 SSH 服务器的 IP 地址。网卡配置如图 6.1.5 所示。

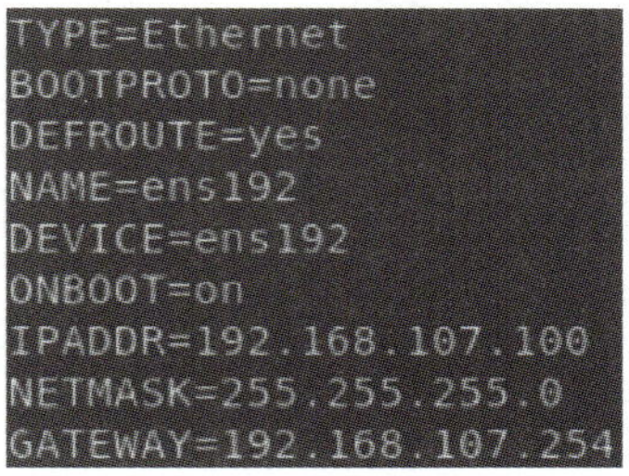

```
TYPE=Ethernet
BOOTPROTO=none
DEFROUTE=yes
NAME=ens192
DEVICE=ens192
ONBOOT=on
IPADDR=192.168.107.100
NETMASK=255.255.255.0
GATEWAY=192.168.107.254
```

图 6.1.5

② 重新启动网络服务，使网络配置生效。操作如图 6.1.6 所示。

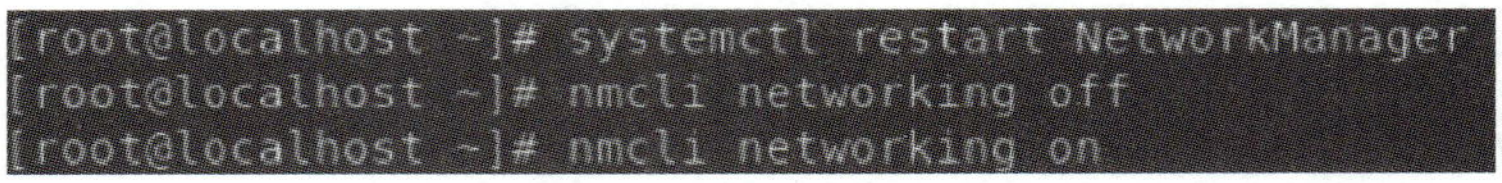

```
[root@localhost ~]# systemctl restart NetworkManager
[root@localhost ~]# nmcli networking off
[root@localhost ~]# nmcli networking on
```

图 6.1.6

③ 在客户端使用 "ssh root@ 192.168.107.100" 命令连接 SSH 服务器，如图 6.1.7 所示。

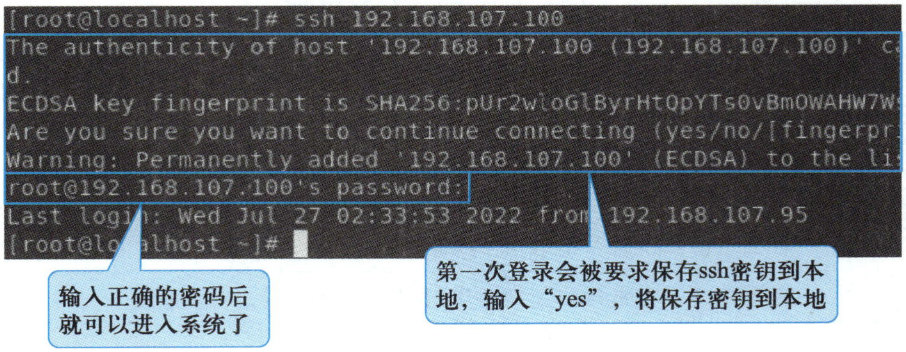

```
[root@localhost ~]# ssh 192.168.107.100
The authenticity of host '192.168.107.100 (192.168.107.100)' ca
d.
ECDSA key fingerprint is SHA256:pUr2wloGlByrHtQpYTs0vBmOWAHW7Ws
Are you sure you want to continue connecting (yes/no/[fingerpr
Warning: Permanently added '192.168.107.100' (ECDSA) to the li
root@192.168.107.100's password:
Last login: Wed Jul 27 02:33:53 2022 from 192.168.107.95
[root@localhost ~]#
```

输入正确的密码后就可以进入系统了

第一次登录会被要求保存ssh密钥到本地，输入"yes"，将保存密钥到本地

图 6.1.7

6.2 网络管理命令

为了更好地进行网络管理配置，需要了解网络管理命令的使用。本节主要介绍 Linux 系统中常用的网络管理命令。

6.2.1 网络检查命令 ping

1. 命令简介

ping 常常用来测试目标主机是否可达，通过发送 ICMP 数据包到网络主机，显示响应情况，并根据输出信息来确定目标主机是否可达。由于某些服务器禁止 ping，从而使得 ping 命令的结果并不是完全可信的。

2. 命令语法

ping [option] ip address

option：ping 命令的选项。
ip address：目标主机 IP 地址。

3. 命令参数

命令参数见表 6.2.1。

表 6.2.1 ping 命令参数

参 数	说 明
-q	不显示任何传送封包的信息，只显示最后的结果
-n	只输出数值
-R	记录路由过程
-c	count 总次数
-i	时间间隔
-t	存活数值：设置存活数值 TTL 的大小
-f	极限检测：大量且快速地传送封包给一台机器，看其回应

4. 命令实例演示

（1）测试 IP 地址"192.168.107.254"的连通性（可以 ping 通的情况），测试 4 次，如

图 6.2.1 所示。

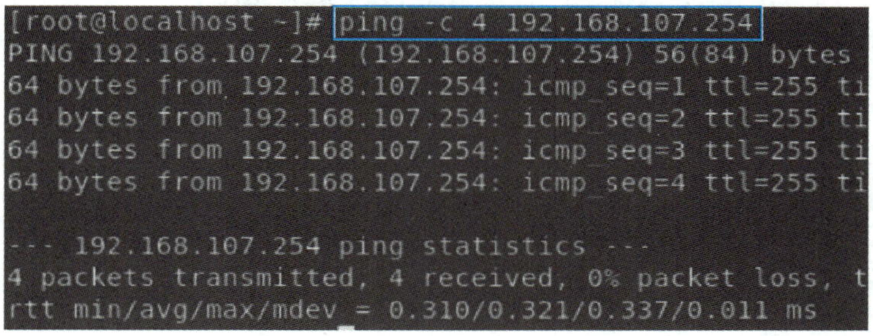

```
[root@localhost ~]# ping -c 4 192.168.107.254
PING 192.168.107.254 (192.168.107.254) 56(84) bytes
64 bytes from 192.168.107.254: icmp_seq=1 ttl=255 ti
64 bytes from 192.168.107.254: icmp_seq=2 ttl=255 ti
64 bytes from 192.168.107.254: icmp_seq=3 ttl=255 ti
64 bytes from 192.168.107.254: icmp_seq=4 ttl=255 ti

--- 192.168.107.254 ping statistics ---
4 packets transmitted, 4 received, 0% packet loss, t
rtt min/avg/max/mdev = 0.310/0.321/0.337/0.011 ms
```

图 6.2.1

（2）测试 IP 地址"192.168.107.102"是否连通（不可以 ping 通的情况），如图 6.2.2 所示。

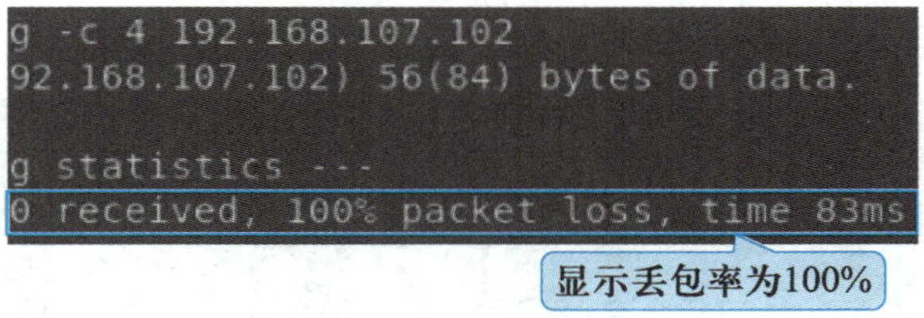

```
g -c 4 192.168.107.102
92.168.107.102) 56(84) bytes of data.

g statistics ---
0 received, 100% packet loss, time 83ms
```

显示丢包率为100%

图 6.2.2

6.2.2 网络配置密令 ifconfig

1. 命令简介

ifconfig 命令可以用于查看、配置、启用或禁用指定网络接口，如配置网卡的参数等。

2. 命令语法

ifconfig [option] nicname

option：ifconfig 命令的选项。

nicname：网卡名称。

3. 命令参数

命令参数见表 6.2.2。

表 6.2.2 ifconfig 命令参数

参　　数	说　　明
add	设置网络设备的 IP 地址
del	删除网络设备的 IP 地址

续表

参　数	说　明
up	启动指定的网络设备
down	关闭指定的网络设备
netmask	设置网络设备的子网掩码
tunnel	建立 IPv4 与 IPv6 之间的隧道通信地址
-broadcast	将要送往指定地址的数据包当成广播数据包来处理
-pointopoint	与指定地址的网络设备建立直接连线，此模式具有保密功能
-promisc	关闭或启动指定网络设备的 promiscuous 模式

4. 命令实例演示

（1）查看网卡的基本信息，如图 6.2.3 所示。

```
[root@localhost ~]# ifconfig
ens160: flags=4163<UP,BROADCAST,RUNNING,MULTICAST>  n
        inet 192.168.107.102  netmask 255.255.255.0
        inet6 fe80::20c:29ff:fe1a:2868  prefixlen 64
        ether 00:0c:29:1a:28:68  txqueuelen 1000  (Et
        RX packets 169  bytes 52221 (50.9 KiB)
        RX errors 0  dropped 0  overruns 0  frame 0
        TX packets 10  bytes 1290 (1.2 KiB)
        TX errors 0  dropped 0  overruns 0  carrier 0
```

图 6.2.3

表 6.2.3 显示了 ifconfig 命令所列出的每一行命令的含义。

表 6.2.3　ifconfig 命令输出内容解析

行　号	说　明
第一行	连接类型：UP（代表网卡开启状态），RUNNING（代表网卡的网线被接上），MULTICAST（支持组播），MTU:1500（最大传输单元):1500 B
第二行	网卡的 IPv4 地址、子网、掩码 本例中的 IP 地址为"192.168.107.102"，掩码为"255.255.255.0"
第三行	网卡的 IPv6 地址、前缀码
第四行	Ethernet（以太网）HWaddr（硬件 mac 地址）
第五、六行	接收、发送数据包情况统计
第七行	接收、发送数据字节数统计信息
第八行	接收错误、丢失、冲突等字节数统计

（2）启动和关闭网卡"ens192"。

ifconfig ens192 up

ifconfig ens192 down

(3) 配置"ens192"网卡的 IP 地址为"192.168.107.103",掩码为"255.255.255.0"。

ifconfig ens192 192.168.107.103 netmask 255.255.255.0

(4) 修改"ens192"网卡的 MAC 地址为"00:0C:29:7C:08:AA"。

ifconfig ens 192 hw ether 00:0C:29:7C:08:AA

注意：使用 ifconfig 命令修改的网卡参数都是临时的，一旦服务器重启，所有的命令将失效。

6.2.3 网络监控命令 netstat

1. 命令简介

netstat 命令用于显示系统网络配置和工作状况，可以显示内核路由表、活动的网络状态及每个网络接口的流量情况。

2. 命令语法

netstat [option]

option：netstat 命令的选项。

3. 命令参数

命令参数见表 6.2.4

表 6.2.4 netstat 命令参数

参 数	说 明
-a	显示所有 socket，包括正在监听的
-c	每隔 1 s 就重新显示一遍，直到用户中断它
-i	显示所有网络接口的信息，格式同"ifconfig -e"
-n	以网络 IP 地址代替名称，显示出网络连接情况
-r	显示核心路由表，格式同"route -e"
-t	显示 TCP 协议的连接情况
-u	显示 UDP 协议的连接情况
-v	显示正在进行的工作

4. 命令实例演示

(1) 显示所有端口，包含 UDP 和 TCP 端口，如图 6.2.4 所示。

```
[root@localhost ~]# netstat -a
Active Internet connections (servers and e
Proto Recv-Q Send-Q Local Address
tcp        0      0 0.0.0.0:sunrpc
tcp        0      0 localhost.locald:domai
tcp        0      0 0.0.0.0:ssh
tcp        0      0 localhost:ipp
tcp6       0      0 [::]:sunrpc
tcp6       0      0 [::]:ssh
tcp6       0      0 localhost:ipp
```

图 6.2.4

(2) 显示所有 TCP 端口,如图 6.2.5 所示。

```
[root@localhost ~]# netstat -at
Active Internet connections (servers and es
Proto Recv-Q Send-Q Local Address
tcp        0      0 0.0.0.0:sunrpc
tcp        0      0 localhost.locald:domain
tcp        0      0 0.0.0.0:ssh
tcp        0      0 localhost:ipp
tcp6       0      0 [::]:sunrpc
tcp6       0      0 [::]:ssh
tcp6       0      0 localhost:ipp
```

图 6.2.5

(3) 显示所有的 UDP 端口,如图 6.2.6 所示。

```
[root@localhost ~]# netstat -au
Active Internet connections (servers and established)
Proto Recv-Q Send-Q Local Address           Foreign Add
udp        0      0 0.0.0.0:mdns            0.0.0.0:*
udp        0      0 localhost:323           0.0.0.0:*
udp        0      0 0.0.0.0:35755           0.0.0.0:*
udp        0      0 localhost.locald:domain 0.0.0.0:*
udp        0      0 0.0.0.0:bootps          0.0.0.0:*
udp        0      0 0.0.0.0:sunrpc          0.0.0.0:*
```

图 6.2.6

(4) 显示所有处于监听状态的端口并以数字方式显示而非服务器名,如图 6.2.7 所示。

```
[root@localhost ~]# netstat -ln
Active Internet connections (only servers)
Proto Recv-Q Send-Q Local Address           Foreign Ad
tcp        0      0 0.0.0.0:111             0.0.0.0:*
tcp        0      0 192.168.122.1:53        0.0.0.0:*
tcp        0      0 0.0.0.0:22              0.0.0.0:*
tcp        0      0 127.0.0.1:631           0.0.0.0:*
tcp6       0      0 :::111                  :::*
tcp6       0      0 :::22                   :::*
tcp6       0      0 ::1:631                 :::*
```

图 6.2.7

（5）显示核心路由信息，如图 6.2.8 所示。

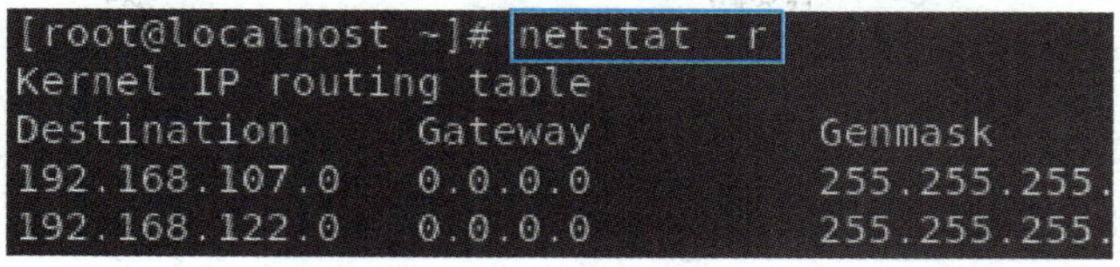

```
[root@localhost ~]# netstat -r
Kernel IP routing table
Destination     Gateway         Genmask
192.168.107.0   0.0.0.0         255.255.255.
192.168.122.0   0.0.0.0         255.255.255.
```

图 6.2.8

（6）显示网络接口列表，如图 6.2.9 所示。

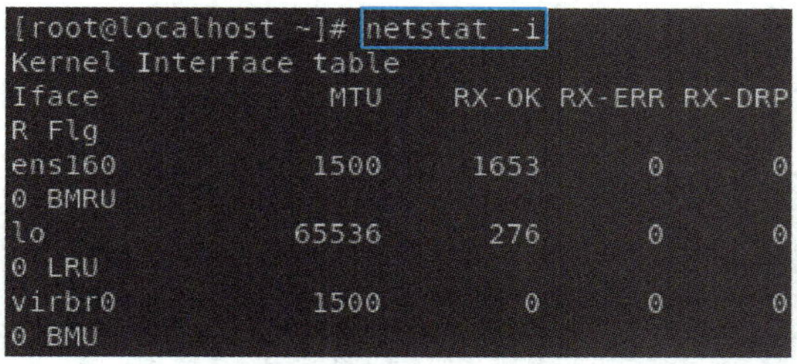

```
[root@localhost ~]# netstat -i
Kernel Interface table
Iface             MTU    RX-OK RX-ERR RX-DRP
R Flg
ens160           1500     1653      0      0
0 BMRU
lo              65536      276      0      0
0 LRU
virbr0           1500        0      0      0
0 BMU
```

图 6.2.9

6.2.4 路由探测命令 traceroute

1. 命令简介

traceroute 命令用于跟踪数据包到达网络主机所经过的路由。原理是试图以最小的 TTL 发出探测包来跟踪数据包到达目标主机所经过的网关，然后监听一个来自网关 ICMP 应答。

2. 命令语法

```
traceroute [option] ipaddress
```

option：traceroute 命令的选项。

ipaddress：IP 地址。

3. 命令参数

命令参数见表 6.2.5。

表 6.2.5 traceroute 命令参数

参　　数	说　　明
-d	使用 Socket 层级的排错功能
-f	设置第一个检测数据包的存活数值 TTL 的大小
-F	指定初始 TTL（time to live）值
-g	设置来源路由网关，最多可设置 8 个

参　数	说　明
-i	使用指定的网络界面送出数据包
-l	使用 ICMP 回应取代 UDP 资料信息
-m	设置检测数据包的最大存活数值 TTL 的大小
-n	直接使用 IP 地址而非主机名称
-p	设置 UDP 传输协议的通信端口

4. 命令实例演示

显示本地到百度网站首页所经过的路由信息，操作如图 6.2.10 所示。

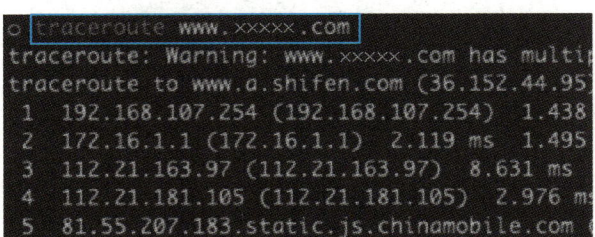

图 6.2.10

6.2.5　下载文件 wget

1. 命令简介

wget 类似于 Windows 中的下载工具，一般发行版 Linux 都内置了 wget 工具。

2. 命令语法

wget［option］resource

option：wget 命令的选项。

resource：下载资源链接地址。

3. 命令参数

命令参数见表 6.2.6。

表 6.2.6　wget 命令参数

参　数	说　明
-b	后台执行
-d	显示调试信息
-nc	不覆盖已有的文件

参 数	说 明
-c	断点续传
-N	该参数指定 wget 只下载更新的文件
-w time	重试延时（单位秒）
-S	显示服务器响应

4. 命令实例演示

使用 wget 命令下载名为 file.zip 的文件到当前目录。使用如下命令：

wget https://example.com/file.zip

项 目 测 试

1. 选择题

（1）在 CentOS 中配置静态 IP 地址，以下描述中正确的是（　　）。

　　A. 在/etc/sysconfig/network-scripts/ifcfg-eth0 文件中设置 BOOTPROTO=static，并指定 IP 地址、子网掩码、网关和 DNS 服务器

　　B. 在/etc/resolv.conf 文件中设置静态 IP 地址

　　C. 在/etc/sysconfig/network 文件中设置静态 IP 地址

　　D. 在/etc/hosts 文件中设置静态 IP 地址

（2）在 CentOS 中启用 SSH 服务器，以下描述中正确的是（　　）。

　　A. 运行 systemctl start sshd 命令

　　B. 在/etc/ssh/sshd_config 文件中启用 SSH 服务器

　　C. 在/etc/sysconfig/network-scripts/ifcfg-eth0 文件中启用 SSH 服务器

　　D. 在/etc/hosts.allow 文件中启用 SSH 服务器

（3）在 CentOS 中查看网络接口的 IP 地址、子网掩码和网关，以下描述中正确的是（　　）。

　　A. 运行 ip addr 命令

　　B. 运行 ifconfig 命令

　　C. 在/etc/sysconfig/network-scripts/ifcfg-eth0 文件中查看

D. 运行 netstat 命令

（4）在 CentOS 中配置网络接口以使用 DHCP 获取 IP 地址，以下描述中正确的是（　　）。

A. 在/etc/sysconfig/network-scripts/ifcfg-eth0 文件中设置 BOOTPROTO=dhcp

B. 在/etc/hosts 文件中设置 BOOTPROTO=dhcp

C. 在/etc/resolv.conf 文件中设置 BOOTPROTO=dhcp

D. 在/etc/sysconfig/network 文件中设置 BOOTPROTO=dhcp

（5）在 CentOS 中配置网络接口以使用 IPv6 地址，以下描述中正确的是（　　）。

A. 在/etc/sysconfig/network-scripts/ifcfg-eth0 文件中设置 IPV6INIT=yes 和 IPV6_AUTOCONF=yes

B. 在/etc/sysconfig/network 文件中设置 IPV6INIT=yes 和 IPV6_AUTOCONF=yes

C. 在/etc/hosts 文件中设置 IPV6INIT=yes 和 IPV6_AUTOCONF=yes

D. 在/etc/resolv.conf 文件中设置 IPV6INIT=yes 和 IPV6_AUTOCONF=yes

2. 操作题

（1）使用 VMware 安装两台 CentOS 8.3 操作系统，并且配置两台虚拟机网络参数，具体要求如下。

虚拟机网络参数

虚拟机	IP 地址	子网掩码	网关
Centos1	192.168.100.1	255.255.255.0	192.168.100.1
Centos2	192.168.100.2	255.255.255.0	192.168.100.1

（2）网卡配置完毕后，重启 Linux 系统的网络功能，并利用 ipconfig 命令查看网卡的 IP 地址是否为更改的 IP 地址。

（3）使用 ping 命令测试两台机器的连通性。

（4）在 Centos1 虚拟机上使用 SSH 工具连接 Centos2 主机。

（5）查看 Centos1 虚拟机所有的 UDP 和 TCP 端口，并输出到/opt/port.txt 文件中。

项目7 Web网站部署

目前越来越多的企业选择 Linux 服务器作为 Web 服务器。Apache、Nginx、tomcat 等 Web 服务也都是开源和免费的。这些 Web 服务不仅性能优异而且部署成本低。通过本项目的学习，可以了解 Web 服务器的基础概念，并学会 Apache 服务的安装与配置。

从本项目可以学习到：

◆ Web 服务的基本概念。
◆ Apache 服务的安装与配置。
◆ 基于 IP 的虚拟主机配置。
◆ 基于端口的虚拟主机配置。
◆ 基于域名的虚拟主机配置。

7.1　Web 服务概述

Web 服务基于 HTTP 或者 HTTPS 协议，用于实现静态资源和动态资源的请求与处理。静态资源包括静态网页、图片、JavaScript 脚本、视频、音频等。动态资源包括程序和数据库，根据业务处理流程动态生成 HTML 网页，再将响应传给客户端。本节主要介绍 Web 服务的基础知识。

1. HTTP 协议

HTTP（hypertext transfer protocol，超文本传输协议）是一个非常重要的协议。Apache、IIS 等都是 HTTP 协议的服务器软件，而微软的 Internet Explorer 和 Mozilla 的 Firefox 则是 HTTP 协议的客户端实现。

HTTP 请求的默认端口是 TCP 的 80，但也可以使用其他端口（如 8080），这就能让同一台服务器上运行多个 Web 服务，每个 Web 服务监听不同的端口。

2. HTTPS 协议

HTTPS（secure hypertext transfer protocol，安全超文本传输协议）是一种通过计算机网络进行安全通信的传输协议。

HTTPS 利用 SSL/TLS 来加密数据包，经由 HTTP 进行通信。其设计的主要目的是提供对网站服务器的身份认证、保护交换数据的隐私与完整性。

3. Selinux 简介

Selinux 主要作用就是最大限度地减少系统中服务进程可访问的资源。假设一个以 root 身份运行的网络服务存在零日漏洞，黑客就可以利用这个漏洞，以 root 的身份在服务器上做任何操作，非常不安全。Selinux 就是用来解决这个问题的。它类似于一个软件防火墙，只有通过授权的才能执行。

4. Linux 防火墙简介

Linux 防火墙用于保护服务器安全，它是典型的包过滤防火墙。在 Cent OS 中，常用的防火墙工具有 iptables 和 firewalld，这两种工具本身并不具备防火墙功能，它们的作用都是在用户空间中管理和维护规则，但规则使用方法和结构不同。真正的包过滤是由 Linux 内核 netfilter 完成的。

7.2　Apache 服务的安装与配置

Apache 是目前应用广泛的 Web 服务器之一。使用 LAMP（Linux+Apache+Mysql+PHP）架构可以方便地搭建 Web 应用生态。本节主要介绍 Apache 服务的安装与配置。

7.2.1　Apache 服务概述

Apache 是 Linux 下的 Web 服务器，Apache 默认使用静态页面，需要加载相应的模块才能支持动态页面。Apache 会动态实时地调整进程来处理用户请求，以达到最合理地使用多核 CPU 资源的目的。Apache 支持虚拟主机应用，可以做到多个 Web 站点共享一个 IP 地址。

7.2.2　Apache 服务配置文件说明

表 7.2.1 列出了 Apache 服务相关的目录和配置文件。

表 7.2.1　Apache 服务配置文件

配置文件的名称	存 放 位 置
服务目录	/etc/httpd
主配置文件	/etc/httpd/conf/httpd.conf
网站数据目录	/var/www/html
访问日志	/var/log/httpd/access_log
错误日志	/var/log/httpd/error_log

/etc/httpd/conf/httpd.conf 主配置文件不区分大小写，在该文件中以"#"开始的行为注释行。命令的语法为"配置参数名称　参数值"，部分参数类似伪 HTML 标记的语法格式。图 7.2.1 所示为部分配置文件的内容。

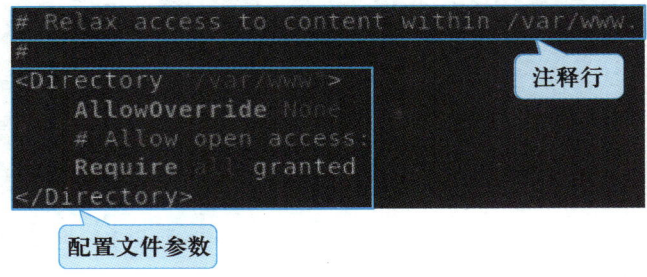

图 7.2.1

表 7.2.2 列出了 /etc/httpd/conf/httpd.conf 主配置文件中各项参数的功能。

表 7.2.2　/etc/httpd/conf/httpd.conf 内容参数解析

参　　数	用　　途
ServerRoot	服务目录
ServerAdmin	管理员邮箱
User	运行 Apache 服务的用户
Group	运行 Apache 服务的用户组
ServerName	网站服务器的域名
DocumentRoot	网站数据根目录
Directory	网站数据目录的权限
Listen	监听的 IP 地址与端口号
DirectoryIndex	默认的索引页页面
ErrorLog	错误日志文件
CustomLog	访问日志文件
Timeout	网页超时时间，默认为 300 s

7.2.3　安装 Apache 服务

使用 YUM 软件管理器安装 Apache 服务。首先利用 CentOS 8.3 的安装光盘搭建本地 YUM 仓库。下面开始安装 Apache 服务。

（1）查询系统是否已经安装了 httpd 服务。输入命令后没有任何输出表示没有安装。

```
rpm -qa|grep httpd
```

（2）安装 Apache 服务。

```
yum install -y httpd
```

（3）使用命令"rpm -qa | grep httpd"检查 Apache 安装是否成功，如图 7.2.2 所示。

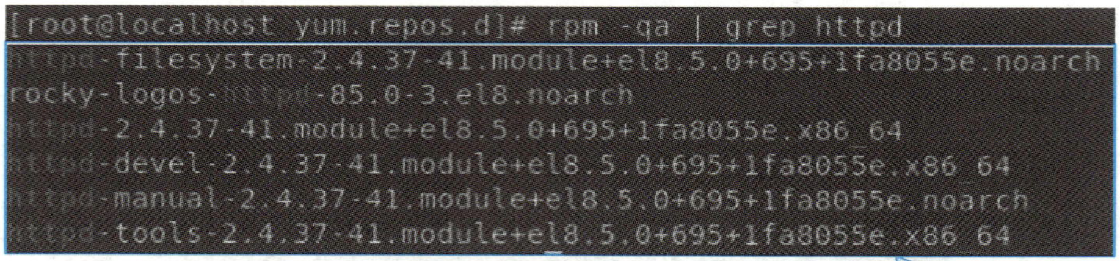

```
[root@localhost yum.repos.d]# rpm -qa | grep httpd
httpd-filesystem-2.4.37-41.module+el8.5.0+695+1fa8055e.noarch
rocky-logos-httpd-85.0-3.el8.noarch
httpd-2.4.37-41.module+el8.5.0+695+1fa8055e.x86_64
httpd-devel-2.4.37-41.module+el8.5.0+695+1fa8055e.x86_64
httpd-manual-2.4.37-41.module+el8.5.0+695+1fa8055e.noarch
httpd-tools-2.4.37-41.module+el8.5.0+695+1fa8055e.x86_64
```

出现以上输出表示安装成功

图 7.2.2

(4) 启动 Apache 服务。

systemctl start httpd

(5) 设置 Apache 服务为开机自动启动。

systemctl enable httpd

(6) 添加防火墙条目放行 Apache 服务。

firewall-cmd --permanent --add-service=http

(7) 重启防火墙生效步骤（6）添加的条目。

firewall-cmd --reload

(8) 临时关闭 Selinux。

setenforce 0

7.2.4 配置简单主页

1. 实例说明

创建一个名称为"index.html"的静态主页，内容为"This is a test web side!"，并在 Apache 服务中发布。

开始配置之前需要预先配置 Linux 虚拟机的 IP 地址，安装 Apache 服务，在防火墙中放行 Apache 服务并关闭 Selinux。

2. 实验环境

表 7.2.3 列出了实验需要用到的虚拟机。

表 7.2.3 实验虚拟机配置信息

角　色	操 作 系 统	IP 地址
Apache 服务器	CentOS 8.3	192.168.107.95
访问客户端	CentOS 8.3	192.168.107.96

3. 具体步骤

(1) 在 Apache 服务的默认主页路径/var/www/html 下新建文件 index.html 作为主页文件，操作如图 7.2.3 所示。

```
[root@localhost yum.repos.d]# touch /var/www/html/index.html
[root@localhost yum.repos.d]# vi /var/www/html/index.html
```

图 7.2.3

（2）在 index.html 文件中添加内容"This is a test web side！"，操作如图 7.2.4 所示。

图 7.2.4

（3）启动 Apache。

systemctl start httpd

（4）在客户端中打开浏览器，在地址栏中输入"http://192.168.107.95"进行访问测试，如图 7.2.5 所示。

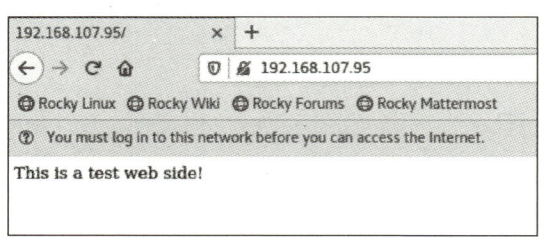

图 7.2.5

7.2.5　配置文档根目录和首页文件的实例

默认情况下，网站的文档根目录保存在/var/www/html 中，实际在部署网站时一般会修改默认文档位置。下面实例将展示如何修改 Apache 的默认首页。

1. 实例说明

修改 Apache 服务的网站根目录为/opt/www，并且将首页文件修改为 testweb.html。

2. 具体步骤

（1）在 Linux 虚拟机上创建目录/opt/www 并创建静态网页文件 testweb.html，操作如图 7.2.6 所示。

```
[root@localhost ~]# mkdir /opt/www
[root@localhost ~]# touch /opt/www/testweb.html
```

图 7.2.6

（2）编辑 testweb.html，添加内容"Web page two！"，操作如图 7.2.7 所示。

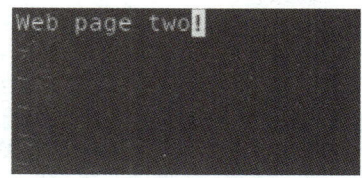

图 7.2.7

（3）在 Apache 服务程序的主配置文件/etc/httpd/conf/httpd.conf 中，将用于定义网站数据保存路径的参数"DocumentRoot"修改为"/opt/www"，如图 7.2.8 所示。

图 7.2.8

（4）在 Apache 服务程序的主配置文件/etc/httpd/conf/httpd.conf 中，将用于定义目录权限的参数"Directory"后面的路径也修改为/opt/www，如图 7.2.9 所示。

图 7.2.9

（5）在 Apache 服务程序的主配置文件/etc/httpd/conf/httpd.conf 中的"DirectoryIndex"参数后面添加"testweb.html"。配置全部修改完毕后保存并退出，如图 7.2.10 所示。

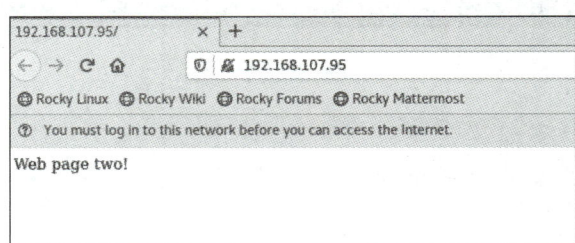

图 7.2.10

（6）重新启动 Apache 服务。

systemctl start httpd

（7）在客户端中打开浏览器，在地址栏中输入"http://192.168.107.95"进行访问测试，如图 7.2.11 所示。

图 7.2.11

7.3 个人 Web 站点配置

本节主要介绍 Apache 服务的个人站点配置。

1. 实例说明

为 Linux 虚拟机中的 webuser 用户设置个人主页空间。该用户的家目录为/home/webuser，个人主页空间所在目录为 webpublic。

开始配置之前需要预先配置 Linux 虚拟机的 IP 地址，安装 Apache 服务，在防火墙中放行 Apache 服务并关闭 Selinux。

2. 实验环境

表 7.3.1 列出了实验需要用到的虚拟机。

表 7.3.1 实验虚拟机配置信息

角　色	操 作 系 统	IP 地址
Apache 服务器	CentOS 8.3	192.168.107.95
访问客户端	CentOS 8.3	192.168.107.96

3. 具体步骤

（1）创建 webuser 用户，并将 webuser 用户的密码配置"123456"，操作如图 7.3.1 所示。

```
[root@localhost ~]# useradd webuser
[root@localhost ~]# passwd webuser
Changing password for user webuser.
New password:
BAD PASSWORD: The password is shorter than 8 characters
Retype new password:
passwd: all authentication tokens updated successfully.
```

图 7.3.1

（2）使用 chmod 命令，修改 webuser 用户家目录，家目录路径为/home/webuser，权限为"705"，操作如图 7.3.2 所示。

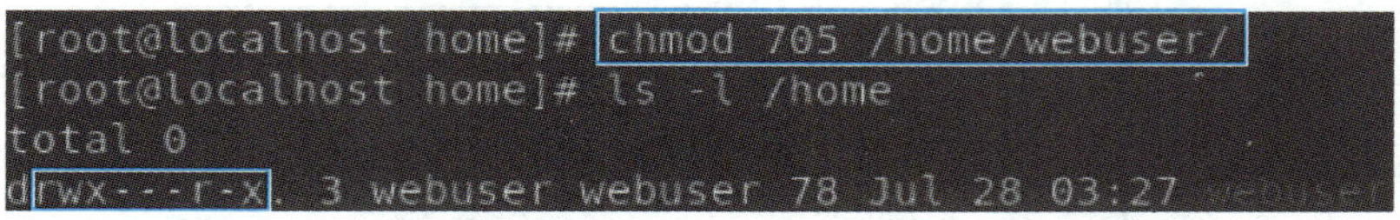

图 7.3.2

（3）进入 webuser 用户家目录，创建存放 webuser 用户的个人主页空间的目录 webpublic，操作如图 7.3.3 所示。

图 7.3.3

（4）在/home/webuser/webpublic 目录下，创建存放 webuser 用户个人主页空间的首页文件 index.html，并添加内容为"Personal web side!"，操作如图 7.3.4 所示。

使用echo命令向文件直接写入内容

图 7.3.4

（5）修改 Apache 配置文件/etc/httpd/conf.d/userdir.conf 中的"UserDir"参数，开启个人主页功能，操作如图 7.3.5 所示。

图 7.3.5

（6）修改 Apache 配置文件/etc/httpd/conf.d/userdir.conf 中的"<Directory>"参数，设置用户个人主页空间的目录路径为/home/*/webpublic，操作如图 7.3.6 所示。

图 7.3.6

（7）重新启动 Apache 服务。

```
systemctl start httpd
```

（8）在客户端中打开浏览器，在地址栏中输入"http://192.168.107.95/~webuser/"进行访问测试，如图 7.3.7 所示。

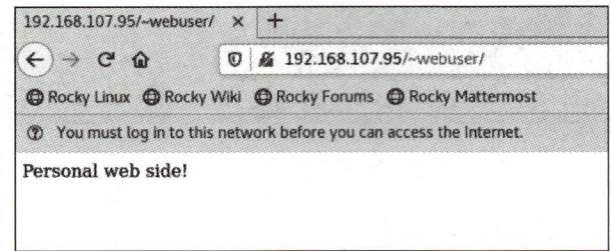

图 7.3.7

7.4 基于 IP 地址的虚拟主机配置

Apache 虚拟主机（virtual host）是在同一台服务器中运行多个 Web 站点的应用，其中每一个站点并不独立占用一台真正的计算机。

虚拟主机可以"基于 IP"，即每个 IP 一个站点，或者"基于名称"，即每个 IP 多个站点。这些站点运行在同一物理服务器上的事实不会明显地透漏给最终用户。Apache 服务是第一个支持基于 IP 的虚拟主机的服务器。

本节主要介绍基于 IP 的虚拟主机配置。

7.4.1 Apache 虚拟主机配置解析

虚拟主机配置内容放在"<VirtualHost>"和"</VirtualHost>"之间。图 7.4.1 列出了一个虚拟主机的配置实例。

```
<VirtualHost 192.168.107.166:80>
Documentroot /opt/web/web2
DirectoryIndex index.html
<Directory /opt/web/web2>
Allowoverride None
options None
Require all granted
</Directory>
</VirtualHost>
```

图 7.4.1

表 7.4.1 列出了虚拟机主机各项参数的功能。

表 7.4.1　虚拟机内容参数解析

虚拟主机配置	功　　能
<VirtualHost 192.168.107.166:80>	虚拟主机监听地址和端口
DocumentRoot "/www/docs/host.example.com"	虚拟主机主目录路径
DirectoryIndex index.html	虚拟主机主页文件
<Directory /opt/web/web2>	虚拟主机主目录权限配置
Allowoverride None	是否使用.htacess文件作为配置文件
options None	是否允许使用控制特定目录功能的命令
Require all granted	访问控制配置
</Directory>	目录上下文结束
</VirtualHost>	虚拟主机上下文结束

7.4.2　配置实例

1. 实例说明

现有一台 Apache 服务器，有两个 IP 地址，分别为"192.168.107.165"和"192.168.107.166"，现要求在访问"192.168.107.165"时显示页面内容为"web1"，在访问"192.168.107.166"时显示内容为"web2"。

开始配置之前，需要预先配置 Linux 虚拟机的 IP 地址，安装 Apache 服务，在防火墙中放行 Apache 服务并关闭 Selinux。

2. 实验环境

表 7.4.2 列出了实验需要用到的虚拟机。

表 7.4.2　实验虚拟机配置信息

角　　色	操 作 系 统	IP 地址
Apache 服务器	CentOS 8.3	192.168.107.165 192.168.107.166
访问客户端	CentOS 8.3	192.168.107.96

3. 具体步骤

（1）创建/opt/web/web1 和/opt/web/web2 目录，并在两个目录下创建主页文件 index.html，内容分别为"192.168.107.165 web"和"192.168.107.166 web"，操作如图 7.4.2 所示。

```
mkdir -p /opt/web/web1
mkdir -p /opt/web/web2
echo 192.168.107.165 web > /opt/web/web1/index.html
echo 192.168.107.166 web > /opt/web/web2/index.html
```

图 7.4.2

（2）修改/etc/httpd/conf/httpd.conf 主配置文件，添加虚拟主机配置，操作如图 7.4.3 所示。

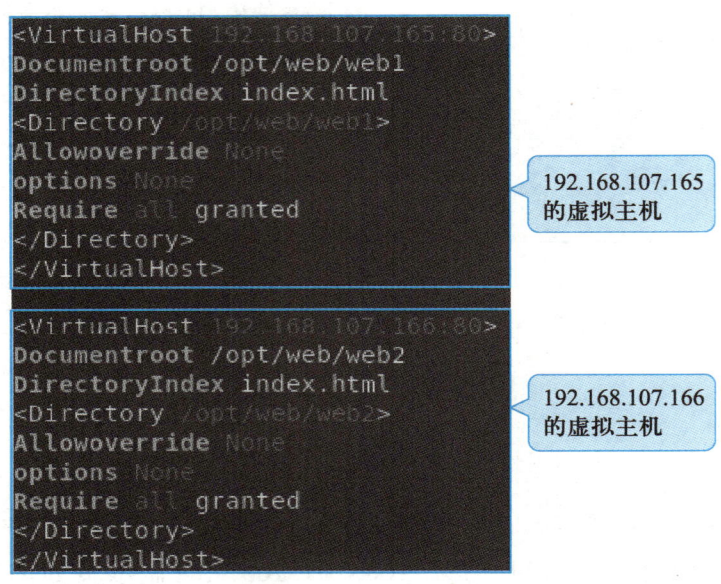

图 7.4.3

（3）重新启动 Apache 服务。

```
systemctl restart httpd
```

（4）在客户端中打开浏览器，在地址栏中输入"http://192.168.107.165"进行访问测试，如图 7.4.4 所示。

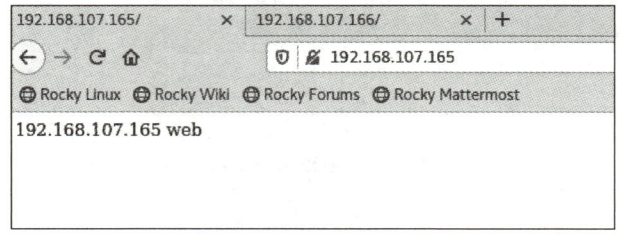

图 7.4.4

（5）在客户端中打开浏览器，在地址栏中输入"http://192.168.107.166"进行访问测试，如图 7.4.5 所示。

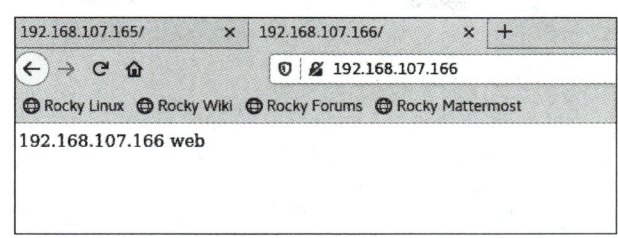

图 7.4.5

7.5 基于端口的虚拟主机配置

本节主要介绍基于端口的虚拟主机配置。

7.5.1 端口简介

在计算机网络中，端口（Port）一般有以下两种含义。

（1）物理接口：交换机、路由器用于连接其他网络设备的接口等。

（2）逻辑接口：TCP/IP 协议中的端口，端口号的范围从 0 到 65 535，例如，用于浏览网页服务的 80 端口、用于 FTP 服务的 21 端口和用于域名解析的 DNS 服务的 53 端口等。

端口主要用于区分服务类别和在同一时间进行多个会话。举例来说，有服务器 A 需要对外提供 FTP 和 WWW 两种服务，如果没有端口技术是无法在一台服务器上区分这两种不同的服务进程。

当客户端 B 需要服务器 A 的 FTP 服务时，只要将目的端口指向 21 就可以了；同理，当需要访问服务器 A 的 WWW 服务时，只要将目的端口指向 80 即可。此时，服务器 A 根据客户端 B 访问的端口号，就可以区分客户端 B 发送的两种不同请求，从而访问正确的服务器。

7.5.2 配置实例

1. 实例说明

要求创建基于 8080 和 8081 端口的虚拟主机，配置 Apache 服务器并测试。访问 8080 端口的网站返回内容为"8080"，访问 8081 端口的网站返回内容为"8081"。

开始配置之前需要预先配置 Linux 虚拟机的 IP 地址，安装 Apache 服务，在防火墙中放行 Apache 服务并关闭 Selinux。

2. 实验环境

表 7.5.1 列出了实验需要用到的虚拟机。

表 7.5.1 实验虚拟机配置信息

角 色	操 作 系 统	IP 地址
Apache 服务器	CentOS 8.3	192.168.107.165
访问客户端	CentOS 8.3	192.168.107.96

3. 具体步骤

（1）创建/opt/web/web1 和/opt/web/web2 目录，并在两个目录下创建主页文件 index.html，内容分别为"8080"和"8081"，操作如图 7.5.1 所示。

```
[root@localhost ~]# mkdir -p /opt/web/web1
[root@localhost ~]# mkdir -p /opt/web/web2
[root@localhost ~]# echo 8080 > /opt/web/web1/index.html
[root@localhost ~]# echo 8081 > /opt/web/web2/index.html
```

图 7.5.1

（2）修改主配置文件/etc/httpd/conf/httpd.conf，添加监听端口"8080"和"8081"，操作如图 7.5.2 所示。

（3）修改主配置文件/etc/httpd/conf/httpd.conf，添加"8080"端口和"8081"端口的虚拟主机，操作如图 7.5.3 所示。

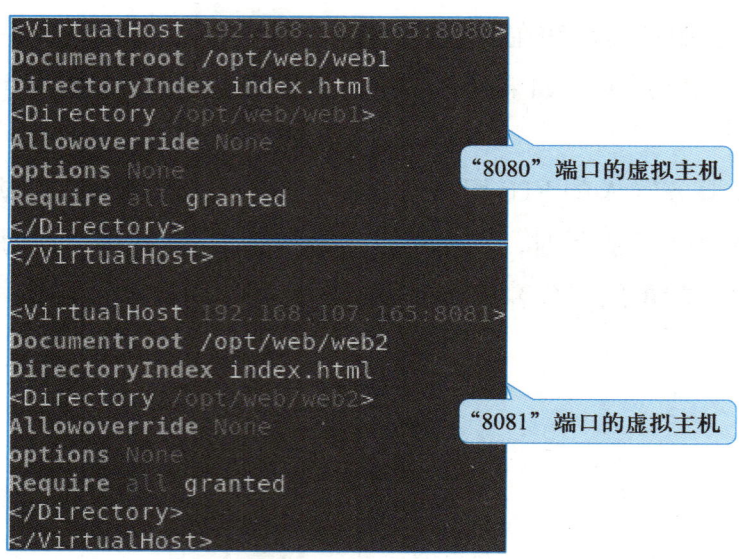

图 7.5.2

图 7.5.3

（4）重新启动 Apache 服务。

```
systemctl restart httpd
```

（5）在客户端中打开浏览器，在地址栏中输入"http://192.168.107.165:8080"进行访问测试，如图7.5.4所示。

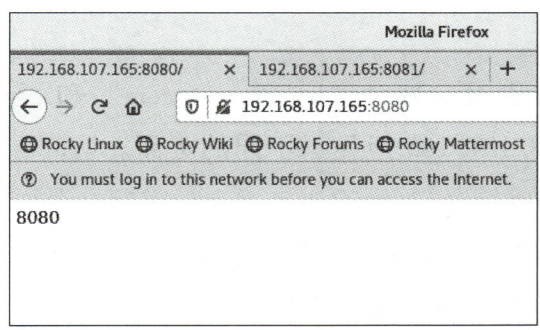

图7.5.4

（6）在客户端中打开浏览器，在地址栏中输入"http://192.168.107.165:8081"进行访问测试，如图7.5.5所示。

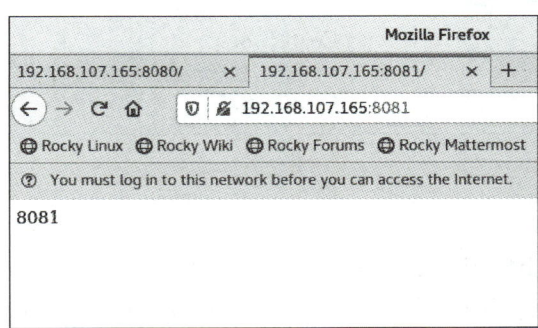

图7.5.5

7.6 基于域名的虚拟主机配置

本节主要介绍基于域名的虚拟主机配置。

7.6.1 域名简介

用户在上网时，显然很难记住 IP 地址，而域名就便于记忆。域名系统 DNS（domain

name system）就是将域名转换成为 IP 地址的一种技术。

7.6.2 配置实例

1. 实例说明

创建两个虚拟主机，分别对应域名"www1.test.com"和"www2.test.com"。两个虚拟主机均对应 IP 地址 192.168.107.165 但显示不同的页面。访问域名"www1.test.com"时网站返回内容为"www1"，访问域名"www2.test.com"时网站返回内容为"www2"。

开始配置之前需要预先配置 Linux 虚拟机的 IP 地址，安装 Apache 服务，安装并配置 DNS 服务，在防火墙中放行 Apache 服务并关闭 Selinux。

2. 实验环境

表 7.6.1 列出了实验需要用到的虚拟机。

表 7.6.1 实验虚拟机配置信息

角 色	操 作 系 统	IP 地址
Apache 服务器	CentOS 8.3	192.168.107.165
访问客户端	CentOS 8.3	192.168.107.96

3. 具体步骤

（1）创建/opt/web/web1 和/opt/web/web2 目录，并在两个目录下创建主页文件 index.html，内容分别为"www1"和"www2"，操作如图 7.6.1 所示。

```
[root@localhost ~]# mkdir -p /opt/web/web1
[root@localhost ~]# mkdir -p /opt/web/web2
[root@localhost ~]# echo www1 > /opt/web/web1/index.html
[root@localhost ~]# echo www2 > /opt/web/web2/index.html
```

图 7.6.1

（2）修改主配置文件/etc/httpd/conf/httpd.conf，添加对应"www1.test.com"和"www2.test.com"域名的虚拟主机，操作如图 7.6.2 所示。

虚拟主机中的"ServerName"参数用于设置服务器辨识自己的域名和端口号。

（3）使用如下命令重新启动 Apache 服务。

```
systemctl restart httpd
```

（4）在客户端中打开浏览器，在地址栏中输入"http://www1.test.com"进行访问测试，

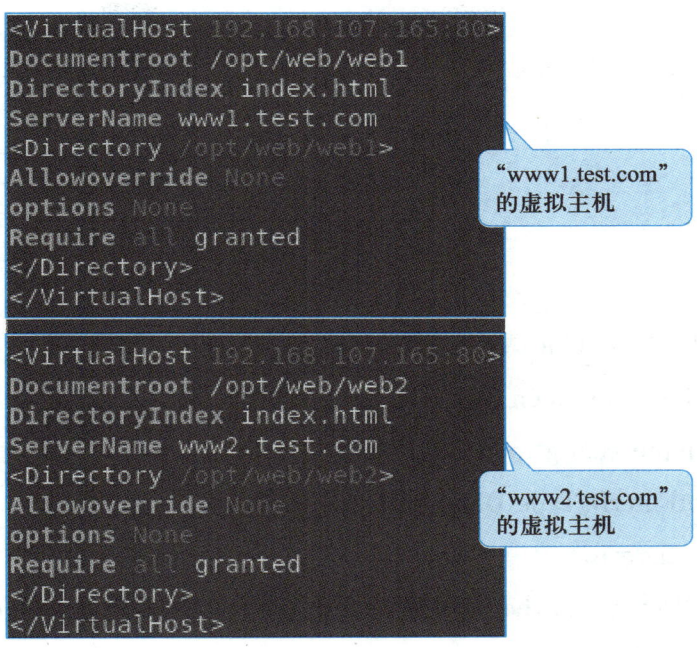

图 7.6.2

如图 7.6.3 所示。

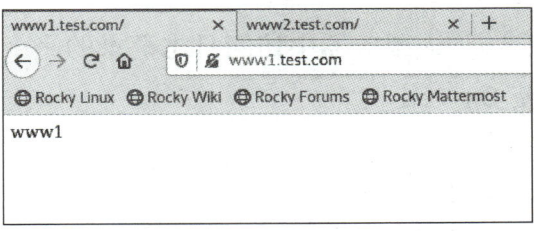

图 7.6.3

（5）在客户端中打开浏览器，在地址栏中输入"http://www2.test.com"进行访问测试，如图 7.6.4 所示。

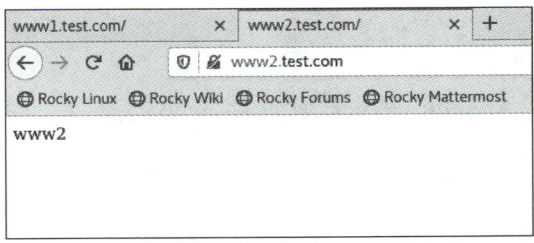

图 7.6.4

项 目 测 试

1. 选择题

（1）以下指令可以在 Apache 配置文件中开启 Gzip 压缩的是（　　）。

　　A. EnableGzipCompression On

　　B. EnableCompression gzip

　　C. AddOutputFilterByType DEFLATE text/html

　　D. AddEncoding gzip

（2）以下指令可以限制 Apache 服务器中文件上传大小的是（　　）。

　　A. LimitRequestBody

　　B. LimitXMLRequestBody

　　C. MaxRequestBodySize

　　D. MaxXMLRequestBodySize

（3）以下指令可以开启 Apache 服务器中访问日志记录的是（　　）。

　　A. EnableAccessLog On

　　B. AccessLog On

　　C. CustomLog

　　D. ErrorLog

（4）以下指令可以阻止 Apache 服务器将文件目录列表显示给用户的是（　　）。

　　A. IndexIgnore

　　B. IndexOptions

　　C. DirectoryIndex

　　D. Options -Indexes

（5）以下指令可以配置 Apache 服务器默认字符集的是（　　）。

　　A. DefaultCharset

　　B. AddCharset

　　C. CharsetDefault

　　D. SetCharset

2. 操作题

（1）在 IP 地址为 192.168.x.254 的 Apache 服务器中，将保存网站文档的根目录修改为

/opt/web，并且将首页文件修改为 www.html，首页内容为"The Web's DocumentRoot Test"。请配置 Apache 服务并测试。

（2）在 IP 地址为 192.168.x.254 的 Apache 服务器中，为系统中的 loki 用户设置个人主页空间。该用户的家目录为/opt/loki，个人主页空间所在目录为 publicloki，首页内容为"this is loki's web"。请配置 Apache 服务并测试。

（3）在 IP 地址为 192.168.x.254 的 Apache 服务器中，创建名为/webvir/的虚拟目录，对应的物理路径是/opt/web/，首页内容为"This is Virtual Directory sample"。请配置 Apache 服务并测试。

（4）为 Apache 服务器添加两块网卡，IP 地址分别为 192.168.1.253 和 192.168.1.254，首页内容分别是"192.168.1.253 Web"和"192.168.1.254 Web"。现要求在访问每个 IP 地址时可看到不同的网站。请配置 Apache 服务并测试。

（5）配置 Apache 服务器的 IP 地址为 192.168.1.254。要求创建两个虚拟主机 www1.web.com 和 www2.web.com，首页内容分别是"www1.web.com"和"www2.web.com"，两个虚拟主机均对应 IP 地址 192.168.1.254。请配置 Apache 服务并在客户机上测试。

（6）Apache 服务器的 IP 地址为 192.168.1.254，要求创建基于 9090 和 9091 端口的虚拟主机，首页内容分别是"port 9090 website"和"port 9091 website"。请配置 Apache 服务并测试，要求利用不同的虚拟主机可访问到不同的网站。

项目8 FTP服务器部署

在企业内部经常需要共享文件，FTP 服务可以很好地满足这个需求。FTP 服务基于 TCP/IP 协议，大多数系统都支持 FTP 协议。通过本项目的学习，可以了解 FTP 的工作原理，并学会安装和配置 vsftp 服务。

从本项目可以学习到：

- ◆ FTP 服务的工作原理。
- ◆ vsftp 服务的安装与配置。
- ◆ vsftp 本地用户隔离配置。
- ◆ vsftp 虚拟用户配置。

8.1 FTP 服务概述

FTP（file transfer protocol）服务能够使文件通过网络从一台主机传送到另外一台主机，且不受计算机和操作系统类型的限制。无论是个人计算机、服务器或大型机，也不论操作系统是 iOS、Linux 或 Windows，只要通信双方都支持协议 FTP，就可以进行文件的传送。

8.1.1 FTP 服务的工作工程

（1）客户端向服务器发出连接请求，同时客户端系统动态地打开一个大于 1024 的端口等候服务器连接（如 1031 端口）。

（2）若 FTP 服务器在端口 21 侦听到该请求，则会在客户端 1031 端口和服务器的 21 端口之间建立起一个 FTP 会话连接。

（3）当需要传输数据时，FTP 客户端再动态地打开一个大于 1024 的端口（如 1032 端口）连接到服务器的 20 端口，并在这两个端口之间进行数据的传输。当数据传输完毕后，这两个端口会自动关闭。

（4）当 FTP 客户端断开与 FTP 服务器的连接时，客户端上动态分配的端口将自动释放。

FTP 服务的整个工作过程如图 8.1.1 所示。

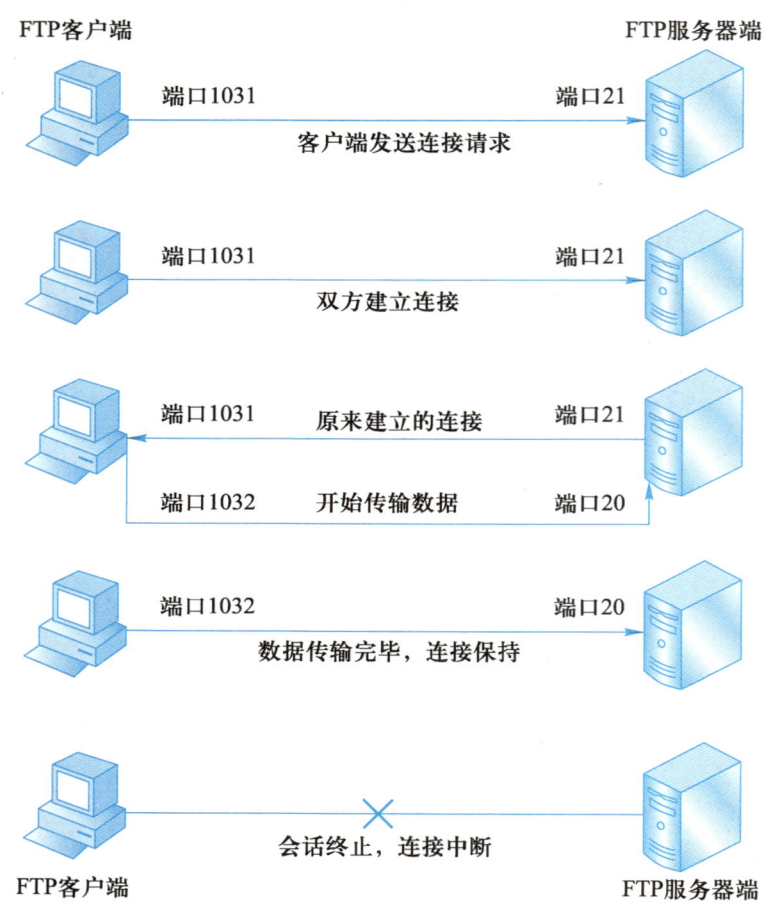

图 8.1.1

8.1.2　FTP 服务的三类用户

（1）匿名用户：匿名用户在登录 FTP 服务器时不需要账号密码就能访问服务器。一般匿名用户的用户名为 ftp 或 anonymous。

（2）本地用户：本地用户是指具有本地登录权限的用户。这类用户在登录 FTP 服务器时，所用的登录名为本地用户名，采用的密码为本地用户的密码。登录成功之后进入本地用户的家目录。

（3）虚拟用户：虚拟用户只具有从远程登录 FTP 服务器的权限。虚拟用户不具有本地登录权限。虚拟用户的用户名和密码都是由用户密码库指定。一般采用 PAM 进行认证。

8.2　vsftp 服务的安装与配置

vsftp（very secure ftp）是一个基于 GPL 发布的类 UNIX 系统上使用的 FTP 服务器软件。安全性是编写 vsftp 的初衷，除了这与生俱来的安全特性以外，高速与高稳定性也是 vsftp 的两个重要特点。本节主要介绍 vsftp 服务的安装与配置。

8.2.1　vsftp 服务的配置文件说明

表 8.2.1 列出了 vsftp 服务相关的目录和配置文件。

表 8.2.1　vsftp 服务配置文件

配置文件的名称	存放位置
服务目录	/etc/vsftpd
主配置文件	/etc/vsftpd/vsftpd.conf
默认 vsftp 主目录路径	/var/ftp
默认 vsftp 匿名用户路径	/var/ftp/pub
在该文件中列出的用户清单将不能访问 vsftp 服务器	/etc/vsftpd/ftpusers
用于 vsftp 的访问控制	/etc/vstpd/user_list

/etc/vsftpd/vsftpd.conf 主配置文件不区分大小写，在该文件中以 "#" 开始的行为注释行。命令的语法为 "配置参数名称=参数值"。图 8.2.1 所示为部分配置文件内容。

图 8.2.1

表 8.2.2 列出了/etc/vsftpd/vsftpd.conf 主配置文件中各项参数的功能。

表 8.2.2　/etc/vsftpd/vsftpd.conf 内容参数解析

参　　数	作　　用
listen=[YES|NO]	是否以独立运行的方式监听服务
listen_address=IP 地址	设置要监听的 IP 地址
listen_port=21	设置 FTP 服务的监听端口
download_enable=[YES|NO]	是否允许下载文件
userlist_enable=[YES|NO] userlist_deny=[YES|NO]	设置用户列表为"允许"还是"禁止"操作
max_clients=0	最大客户端连接数，0 为不限制
max_per_ip=0	同一 IP 地址的最大连接数，0 为不限制
anonymous_enable=[YES|NO]	是否允许匿名用户访问
anon_upload_enable=[YES|NO]	是否允许匿名用户上传文件
anon_umask=022	匿名用户上传文件的 umask 值
anon_root=/var/ftp	匿名用户的 FTP 根目录
anon_mkdir_write_enable=[YES|NO]	是否允许匿名用户创建目录
anon_other_write_enable=[YES|NO]	是否开放匿名用户的其他写入权限（包括重命名、删除等操作权限）
anon_max_rate=0	匿名用户的最大传输速率（字节/秒），0 为不限制
local_enable=[YES|NO]	是否允许本地用户登录 FTP
local_umask=022	本地用户上传文件的 umask 值
local_root=/var/ftp	本地用户的 FTP 根目录
chroot_local_user=[YES|NO]	是否将用户权限锁定在 FTP 目录，以确保安全
local_max_rate=0	本地用户最大传输速率（字节/秒），0 为不限制

当/etc/vsftpd/vsftpd.conf 文件中的"userlist_enable"和"userlist_deny"的值都为"YES"时，在/etc/vstpd/user_list 文件中列出的用户不能访问 FTP 服务器。

当/etc/vsftpd/vsftpd.conf 文件中的"userlist_enable"的取值为"YES"，而"userlist_deny"的取值为"NO"时，只有/etc/vstpd/user_list 文件中列出的用户才能访问 vsftp 服务器。

8.2.2 安装 vsftp 服务

使用 YUM 软件管理器安装 vsftp 服务时首先利用 CentOS 安装光盘搭建本地 YUM 仓库。下面开始安装 vsftp 服务。

(1) 查询系统是否已经安装了 vsftp 服务。输入命令后没有任何输出表示没有安装。

```
rpm -qa|grep vsftpd
```

(2) 安装 vsftpd 服务。

```
yum install -y vsftpd
```

(3) 使用命令 "rpm -qa | grep vsftp" 检查 vsftp 安装是否成功，如图 8.2.2 所示。

```
[root@localhost ftp]# rpm -qa | grep vsftpd
vsftpd-3.0.3-34.el8.x86_64
```

图 8.2.2

(4) 启动 vsftpd 服务。

```
systemctl start vsftpd
```

(5) 设置 vsftpd 服务为开机自动启动。

```
systemctl enable vsftpd
```

(6) 添加防火墙条目放行 vsftpd 服务。

```
firewall-cmd --permanent --add-service=ftp
```

(7) 重启防火墙生效步骤（6）添加的条目。

```
firewall-cmd --reload
```

(8) 使用如下命令临时关闭 Selinux。

```
setenforce 0
```

8.2.3 配置简单的 vsftp 服务

1. 实例说明

现在有一台 FTP 服务器，要求服务器能满足上传文件、创建目录等功能。允许匿名用户上传和下载文件，将匿名用户的根目录设置为/var/ftp。允许本地用户 user1、user2 和 user3 登录 FTP 服务器，本地用户根目录为/var/ftp/users。

开始配置之前，需要预先配置 Linux 虚拟机的 IP 地址，安装 vsftp 服务，在防火墙中放行 vsftp 服务并关闭 Selinux。

2. 实验环境

表 8.2.3 列出了实验需要用到的虚拟机。

表 8.2.3　实验虚拟机配置信息

角　色	操　作　系　统	IP 地址
vsftp 服务器	CentOS 8.3	192.168.107.95
访问客户端	CentOS 8.3	192.168.107.96

3. 具体步骤

（1）建立 user1、user2 和 user3 本地用户作为 FTP 账号，并将三个用户的密码设置为和用户名相同，操作如图 8.2.3 所示。

```
[root@localhost /]# useradd user1
[root@localhost /]# useradd user2
[root@localhost /]# useradd user3
```

图 8.2.3

（2）按照表 8.2.4，修改主配置文件/etc/vsftpd/vsftpd.conf 中的参数。

表 8.2.4　/etc/vsftpd/vsftpd.conf 配置参数

配置文件参数	作　用
anonymous_enable=YES	允许匿名用户登录
anon_root=/var/ftp	设置匿名用户的根目录为/var/ftp
anon_upload_enable=YES	允许匿名用户上传文件
anon_mkdir_write_enable=YES	允许匿名用户创建文件夹
local_enable=YES	允许本地用户登录
local_root=/opt/ftp/users	设置本地用户的 ftp 根目录为/opt/ftp/users
write_enable=YES	对登录用户开启写权限
local_umask=022	本地用户的文件生成掩码为 022

（3）创建本地用户 user1、user2、user3 的根目录/opt/ftp/users。修改/opt/ftp/users 的目录的权限，为"其他人"添加写入权限。并在/opt/ftp/users 目录下新建文件 testfile 文件用于测试，操作如图 8.2.4 所示。

```
[root@localhost /]# mkdir -p /opt/ftp/users
[root@localhost /]# touch /opt/ftp/users/testfile
[root@localhost /]# chmod -R o+w /opt/ftp/users/
```

图 8.2.4

（4）在/var/ftp/pub 目录下为匿名用户建立测试文件 testfile2，并修改/var/ftp/pub 目录的权限，为"其他人"添加写权限，操作如图 8.2.5 所示。

```
[root@localhost opt]# touch /var/ftp/pub/testfile2
[root@localhost opt]# chmod -R o+w /var/ftp/pub
```

图 8.2.5

注意：使用匿名登入时，所登入的目录默认为/var/ftp。vsftp 服务不能将根目录的权限设置为 777。所以将/var/ftp 目录下的共享目录 pub 权限放开，用来存放匿名用户的文件。

（5）配置完成后重启 vsftp 服务。

systemctl restart vsftpd

（6）在客户端中使用 ftp 工具登录 vsftp 服务器测试。通过 YUM 来安装 ftp 工具，操作如图 8.2.6 所示。

```
[root@localhost /]# yum install -y ftp
Repository 'a' is missing name in configuration, using
Repository 'b' is missing name in configuration, using
Last metadata expiration check: 2:25:06 ago on Mon 01
Dependencies resolved.
================================================
 Package        Architecture        Version
================================================
Installing:
 ftp            x86_64              0.17-78.el8
```

图 8.2.6

（7）使用命令"ftp 服务器地址"访问 vsftp 服务器。本例中访问 vsftp 服务器的命令为"ftp 192.168.107.95"。输入 user1 的用户名和密码后就可以登录 vsftp 服务器，操作如图 8.2.7 所示。

```
[root@localhost opt]# ftp 192.168.107.95
Connected to 192.168.107.95 (192.168.107.95).
220 (vsFTPd 3.0.3)
Name (192.168.107.95:root): user1
331 Please specify the password.
Password:
230 Login successful.
Remote system type is UNIX.
Using binary mode to tr
ftp> pwd
257 "/opt/ftp/users" is
```

使用 pwd 命令查看当前登录的目录为/opt/ftp/users

图 8.2.7

（8）在/opt 目录下新建一个 upload.txt 文件。测试本地用户 user1 的上传权限，将/opt/upload.txt 上传到 vsftp 服务器，操作如图 8.2.8 所示。

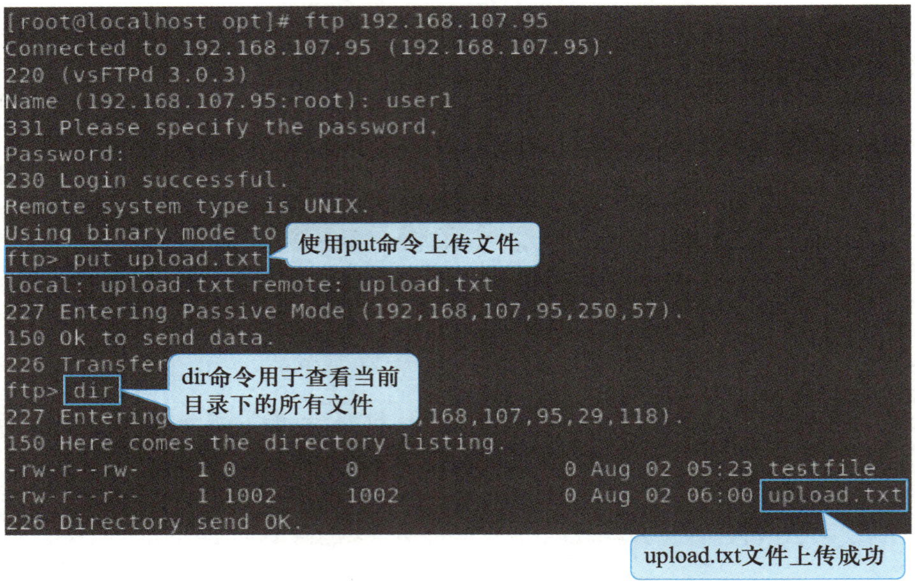

图 8.2.8

（9）使用 user1 用户登录，下载文件 testfile 到/opt 目录下，操作如图 8.2.9 所示。

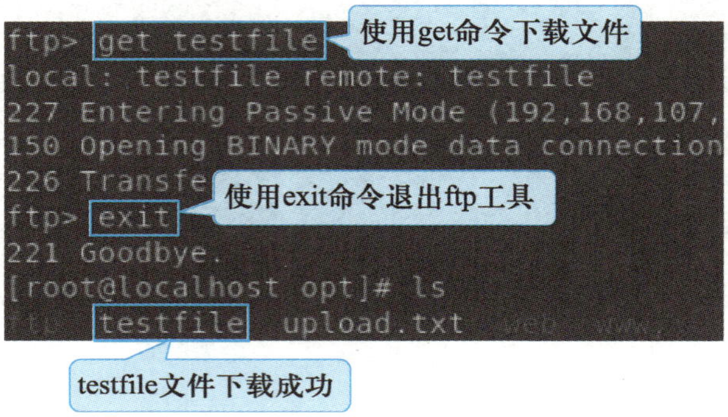

图 8.2.9

（10）使用 user1 用户登录，建立一个名为 testdir 的目录，用于测试新建目录功能是否可用，操作如图 8.2.10 所示。

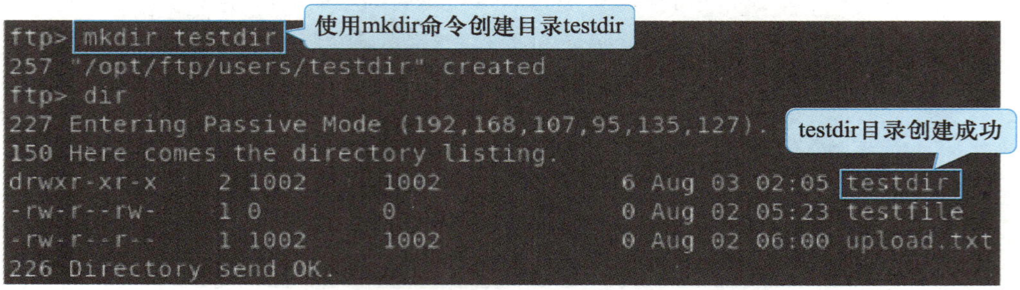

图 8.2.10

（11）在客户机的/opt 目录下创建文件 upload2.txt 文件，使用匿名用户 ftp 登录 vsftp 服务器，密码为空，上传/opt/upload2.txt 文件，测试匿名用户上传功能，操作如图 8.2.11 所示。

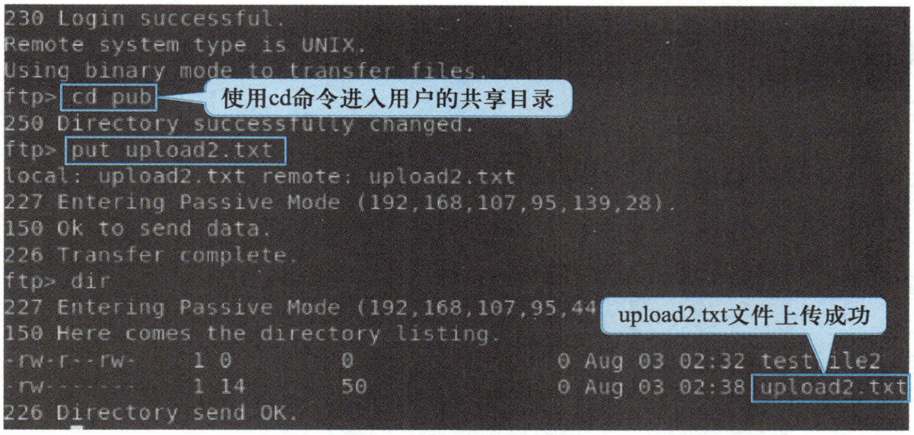

图 8.2.11

（12）使用匿名用户 ftp 登录 vsftp 服务器，下载文件 testfile2 到客户机的/opt 目录下，测试匿名用户下载功能，操作如图 8.2.12 所示。

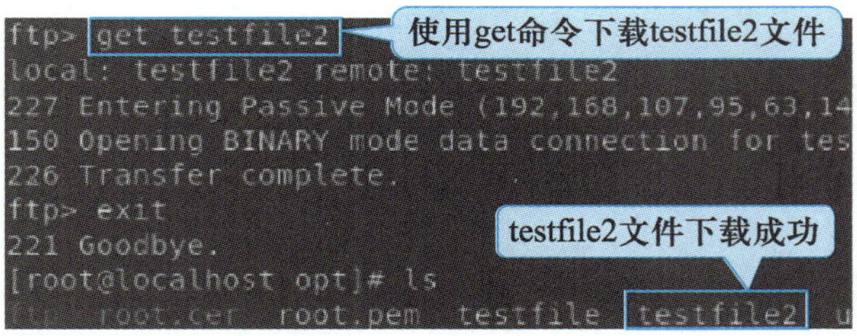

图 8.2.12

（13）使用匿名用户 ftp 登录 vsftp 服务器，新建目录 annondir，操作如图 8.2.13 所示。

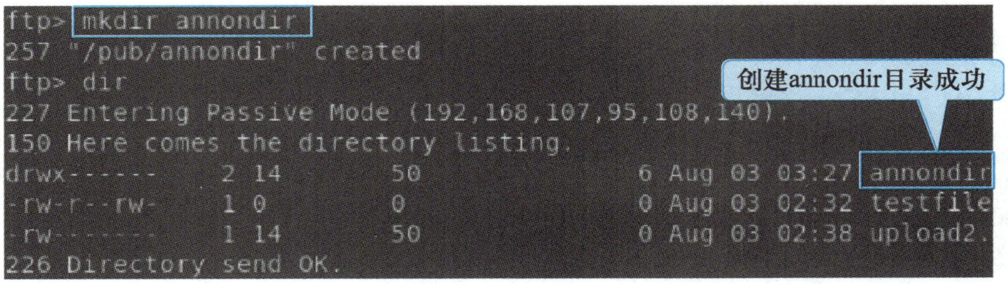

图 8.2.13

8.2.4 配置 vsftp 服务家目录锁定

1. 目录锁定概述

在 vsftp 服务的配置中，如果不做目录锁定，默认登录的用户可以随意切换有权限访问的目录。让 vsftp 用户随意地切换目录是非常不安全的操作。在前面的例子中，可以使用 cd 命令切换到/etc 目录下，操作如图 8.2.14 所示。

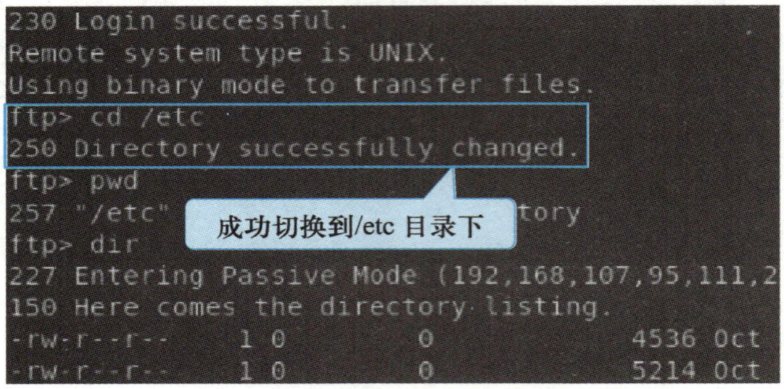

图 8.2.14

表 8.2.5 列出了 vsftp 服务家目录锁定的参数选项。

表 8.2.5 家目录锁定配置

参 数	作 用
chroot_local_user=[YES|NO]	是否将所有用户限制在主目录，YES 为启用，NO 为禁用
chroot_list_enable=[YES|NO]	是否启动限制用户的名单，YES 为启用，NO 为禁用
chroot_list_file=/etc/vsftpd/chroot_list	限制用户名单路径
allow_writeable_chroot=[YES|NO]	所有的用户都将拥有 chroot 权限

下面介绍两种目录锁定的操作。

（1）"chroot_local_user=YES"，其他用户都被限定在固定目录内。即列表（/etc/vsftpd/chroot_list）内用户自由，列表（/etc/vsftpd/chroot_list）外用户受限制。

（2）"chroot_local_user=NO"，其他用户都可自由转换目录。即列表（/etc/vsftpd/chroot_list）内用户受限制，列表（/etc/vsftpd/chroot_list）外用户自由。

2. 配置实例

（1）实例说明。

将 8.2.3 节实验中的 user1 和 user2 用户的根目录限制为/opt/ftp/users，不能进入该目录以外的任何目录。user3 用户账号不做限制。

开始配置之前需要预先配置 Linux 虚拟机的 IP 地址，安装 vsftp 服务，在防火墙中放行 vsftp 服务并关闭 Selinux。

出于安全性考虑，本例使用第一种锁定方式完成下面的配置。

（2）具体步骤。

① 修改主配置文件/etc/vsftpd/vsftpd.conf 中目录锁定的配置，操作如图 8.2.15 所示。

② 在/etc/vsftpd/目录中创建文件 chroot_list 并在文件中添加用户 user3，操作如图 8.2.16 所示。

```
chroot_local_user=YES
chroot_list_enable=YES
# (default follows)
chroot_list_file=/etc/vsftpd/chroot_list
allow_writeable_chroot=YES
```

图 8.2.15

```
touch /etc/vsftpd/chroot_list
echo user3 > /etc/vsftpd/chroot_list
```

图 8.2.16

③ 配置完成后重启 vsftp 服务。

systemctl restart vsftpd

④ 使用 user1 用户测试目录锁定，操作如图 8.2.17 所示。

```
[root@localhost vsftpd]# ftp 192.168.107.95
Connected to 192.168.107.95 (192.168.107.95).
220 (vsFTPd 3.0.3)
Name (192.168.107.95:root): user1
331 Please specify the password.
Password:
230 Login successful.
Remote system type is UNIX.
Using binary mode to transfer files.
ftp> cd /etc
550 Failed to change directory.
```
（user1 用户切换目录失败）

图 8.2.17

⑤ 使用 user3 用户测试目录锁定，操作如图 8.2.18 所示。

```
Name (192.168.107.95:root): user3
331 Please specify the password.
Password:
230 Login successful.
Remote system type is UNIX.
Using binary mode to transfer files.
ftp> cd /etc
250 Directory successfully changed.
```
（user3 用户切换目录成功）

图 8.2.18

8.3　本地用户隔离

FTP 用户隔离通过将用户限制在自己的目录中，来防止用户查看或修改其他用户的文件内容。因为顶层目录就是 FTP 服务的根目录，用户无法浏览上一层目录。在特定的站点内，用户能创建、修改或删除文件和文件夹。FTP 用户隔离是站点属性，而不是服务器属性，无法为每个 FTP 站点启动或关闭该属性。本节主要介绍 vsftp 服务本地用户隔离配置。

1. 实例说明

创建 user1 和 user2 两个本地用户，两个用户的主目录分别为/opt/ftp/user1 和/opt/ftp/user2。要求 user1 和 user2 用户可以在自己的目录中实现上传和下载，而在其他目录没有此权限。

开始配置之前需要预先配置 Linux 虚拟机的 IP 地址，安装 vsftp 服务，在防火墙中放行 vsftp 服务并关闭 Selinux。

2. 实验环境

表 8.3.1 列出了实验需要用到的虚拟机。

表 8.3.1　实验虚拟机配置信息

角　　色	操 作 系 统	IP 地址
vsftp 服务器	CentOS 8.3	192.168.107.95
访问客户端	CentOS 8.3	192.168.107.96

3. 具体步骤

（1）创建 user1 和 user2 用户作为 FTP 的账号，密码与用户名相同，操作如图 8.3.1 所示。

```
[root@localhost /]# useradd user1
[root@localhost /]# useradd user2
```

图 8.3.1

（2）分别建立 user1 和 user2 对应的用户主目录/opt/ftp/user1 和/opt/ftp/user2，操作如图 8.3.2 所示。

8.3 本地用户隔离

```
[root@localhost ~]# mkdir /opt/ftp
[root@localhost ~]# mkdir /opt/ftp/user1
[root@localhost ~]# mkdir /opt/ftp/user2
```

图 8.3.2

（3）修改 user1 和 user2 对应的用户主目录的所有者和属组分别为 user1 和 user2，操作如图 8.3.3 所示。

（4）在 user1 和 user2 对应的用户主目录中分别创建 test1 和 test2 测试文件，操作如图 8.3.4 所示。

```
chown user1:user1 /opt/ftp/user1
chown user2:user2 /opt/ftp/user2
```

图 8.3.3

```
touch /opt/ftp/user1/test1
touch /opt/ftp/user2/test2
```

图 8.3.4

（5）创建用户配置文目录为/etc/vsftpd/vsftpd_user_conf/，并且在目录中分别创建 user1 和 user2 用户配置文件，操作如图 8.3.5 所示。

```
ocalhost ~]# mkdir /etc/vsftpd/vsftpd_user_conf
ocalhost ~]# cd /etc/vsftpd/vsftpd_user_conf/
ocalhost vsftpd_user_conf]# touch user1
ocalhost vsftpd_user_conf]# touch user2
```

图 8.3.5

（6）在 user1 和 user2 的用户配置中添加主目录参数，操作如图 8.3.6 所示。

```
echo local_root=/opt/ftp/user1 > user1
echo local_root=/opt/ftp/user2 > user2
```

local_root 参数用于指定用户的根目录路径

图 8.3.6

（7）修改主配置文件/etc/vsftpd/vsftpd.conf，添加参数见表 8.3.2。

表 8.3.2 /etc/vsftpd/vsftpd.conf 配置参数

参　　数	作　　用
userlist_enable=YES	开启用户列表
userlist_deny=YES	如果为 NO，则只能是 user_list 中存在的用户才可以登录 FTP
userlist_file=/etc/vsftpd/user_list	用户列表文件路径
user_config_dir=/etc/vsftpd/vsftpd_user_conf	用户配置文件路径
allow_writeable_chroot=YES	所有的用户都将拥有 chroot 权限

（8）配置完成后重启 vsftp 服务。

　　systemctl restart vsftpd

（9）在/opt 目录下新建一个 upload3.txt 文件。将/opt/upload3.txt 上传到 vsftp 服务器，测试本地用户 user1 的上传权限，操作如图 8.3.7 所示。

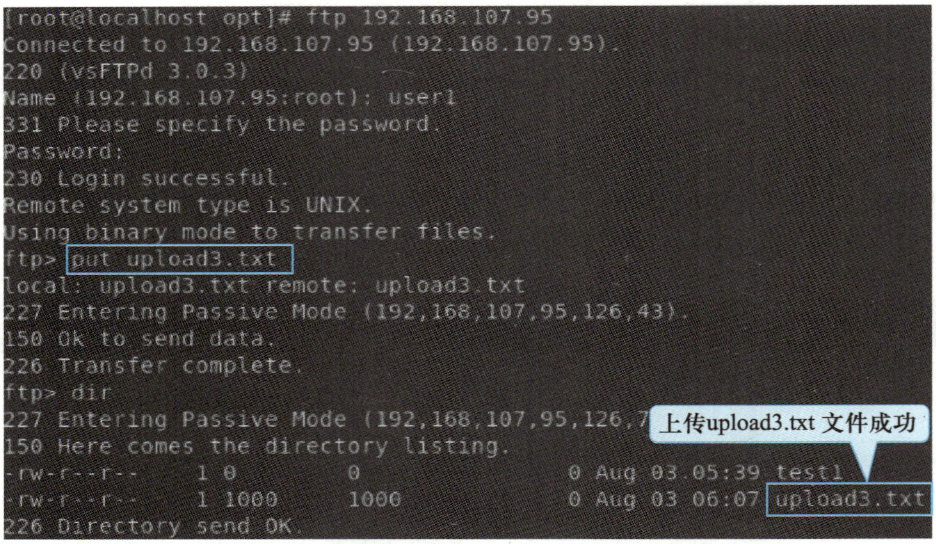

图 8.3.7

（10）使用 user1 用户登录，下载文件 test1 到/opt 目录下，操作如图 8.3.8 所示。

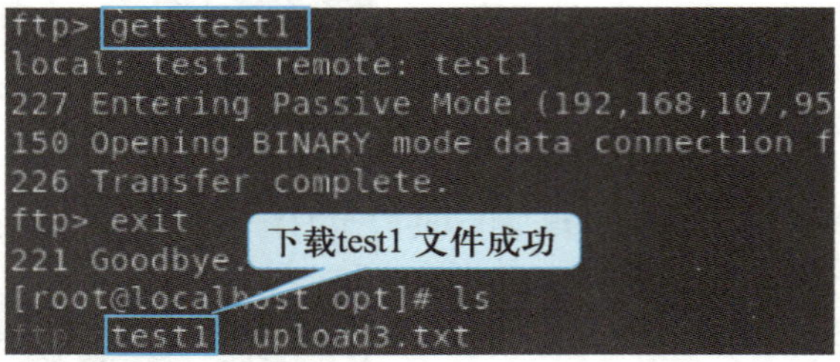

（11）在/opt 目录下新建一个 upload4.txt 文件。将/opt/upload4.txt 上传到 vsftp 服务器，测试本地用户 user2 的上传权限，操作如图 8.3.9 所示。

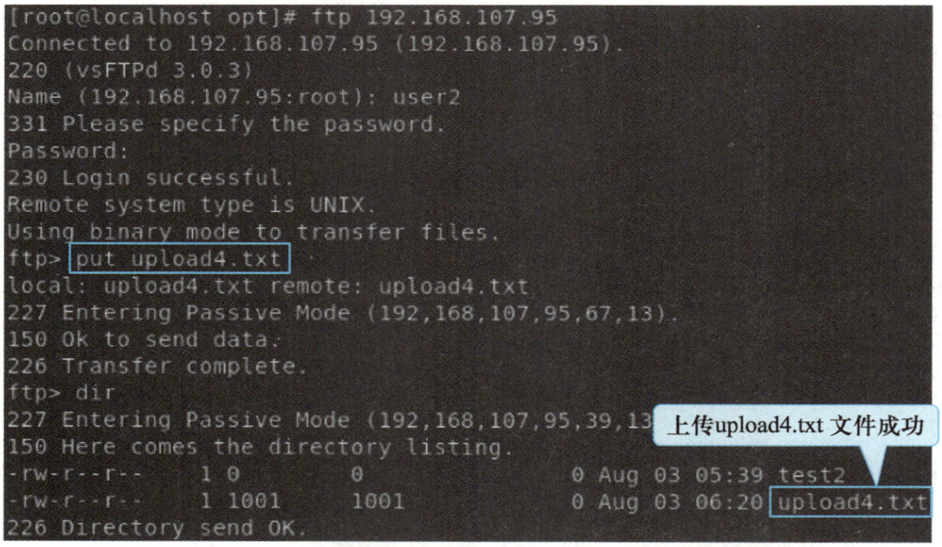

图 8.3.8

图 8.3.9

(12) 使用 user2 用户登录，下载文件 test2 到/opt 目录下，操作如图 8.3.10 所示。

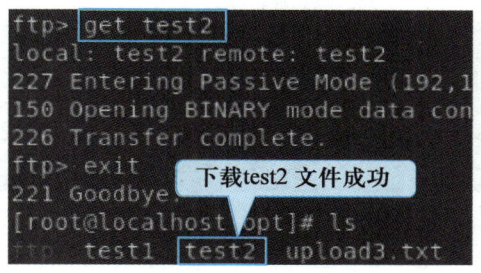

图 8.3.10

8.4 虚拟用户

如果想实现多个用户同时访问某一个目录，又要对同一目录下的文件拥有不同的权限，如部分用户只能看，不能修改，或者部分用户只能下载不能上传这些权限。

普通用户是无法达到这样的效果，这些设定只能通过 vsftp 服务中的虚拟用户来进行配置。虚拟用户无须建立本地用户，用户数据全部存储在数据库中。由于虚拟用户本身不存在系统中，需要将虚拟用户映射到一个本地用户。

本节主要介绍 vsftp 服务虚拟用户配置。

1. 实例说明

创建虚拟用户 vftp1 和 vftp2，密码均为"123456"，分别对应根目录/opt/ftp/vftp1 和/opt/ftp/vftp2。要求 vftp1 用户可上传可下载，vftp2 用户只能下载，不能上传。

开始配置之前需要预先配置 Linux 虚拟机的 IP 地址，安装 vsftp 服务，在防火墙中放行 vsftp 服务并关闭 Selinux。

2. 实验环境

表 8.4.1 列出了实验需要用到的虚拟机。

表 8.4.1 实验虚拟机配置信息

角 色	操作系统	IP 地址
vsftp 服务器	CentOS 8.3	192.168.107.95
访问客户端	CentOS 8.3	192.168.107.96

3. 具体步骤

（1）分别建立 vftp1 和 vftp2 对应的用户主目录/opt/ftp/vftp1 和/opt/ftp/vftp2。并在目录

中分别创建 test1 和 test2 测试文件，操作如图 8.4.1 所示。

```
[root@localhost opt]# mkdir /opt/ftp
[root@localhost opt]# cd /opt/ftp
[root@localhost ftp]# mkdir vftp1
[root@localhost ftp]# mkdir vftp2
[root@localhost ftp]# touch /opt/ftp/vftp1/test1
[root@localhost ftp]# touch /opt/ftp/vftp2/test2
```

图 8.4.1

（2）修改 vftp1 和 vftp2 对应根目录的权限为 777，操作如图 8.4.2 所示。

（3）在/etc/vsftpd 目录下建立虚拟用户账号文件 vuser.list，操作如图 8.4.3 所示。

（4）使用 vi 工具编辑/etc/vsftpd/vuser.list，添加虚拟用户 vftp1 和 vftp2 的账户信息进入文件，操作如图 8.4.4 所示。

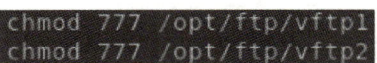

（vftp1的用户名和密码 / vftp2的用户名和密码）

图 8.4.2　　　　　图 8.4.3　　　　　图 8.4.4

（5）使用命令 db_load，在/etc/vsftpd 目录下生成虚拟 vsftp 用户账号数据库 vuser.db。

　　db_load -T -t hash -f /etc/vsftpd/vuser.list /etc/vsftpd/vuserdb.db

（6）创建一个本地用户 vftpuser，用于建立家目录将所有的虚拟用户映射到对应的普通系统用户家目录中，对各虚拟用户进行权限控制。

　　useradd -d /var/ftproot -s /sbin/nologin vftpuser

-d /var/ftproot：用于指定 vftpuser 用户的家目录为 "/var/ftproot"。

-s /sbin/nologin：让 vftpuser 用户不能登录系统。

（7）配置 PAM 认证让其支持 vsftp 服务的虚拟用户登录认证。使用 vi 工具编辑/etc/pam.d/vsftpd，操作如图 8.4.5 所示。

将原来的认证内容作为注释，添加2行对应虚拟用户的账户认证
注意：vuserdb 文件不需要后缀名

图 8.4.5

（8）修改主配置文件/etc/vsftpd/vsftpd.conf。添加参数见表 8.4.2。

表 8.4.2　/etc/vsftpd/vsftpd.conf 配置参数

参　数	作　用
pam_service_name=vsftpd	开启 pam 认证支持
anonymous_enable=no	禁止匿名用户登录
guest_enable=yes	启用虚拟账号
guest_username=vftpuser	配置虚拟账号映射的本地账号
user_config_dir=/etc/vsftpd/vuser_dir	用户配置文件路径
allow_writeable_chroot=YES	所有的用户都将拥有 chroot 权限

（9）在/etc/vsftpd/vuser_dir 目录下为 vftp1 和 vftp2 虚拟用户建立独立的配置文件，操作如图 8.4.6 所示。

```
[localhost vsftpd]# mkdir /etc/vsftpd/vuser_dir
[localhost vsftpd]# cd /etc/vsftpd/vuser_dir/
[localhost vuser_dir]# touch vftp1
[localhost vuser_dir]# touch vftp2
```

图 8.4.6

（10）在/etc/vsftpd/vuser_dir/vftp1 中添加对虚拟用户 vftp1 的配置。表 8.4.3 列出了配置虚拟用户配置文件中的参数。

表 8.4.3　虚拟用户参数配置

参　数	作　用
write_enable=[YES|NO]	开启虚拟账号写入权限
anon_world_readable_only=[YES|NO]	设置为 YES 时，文件夹的"o"权限必须有只读权限才能下载；设置为 NO，则只要所有者有读权限即可下载
anon_upload_enable=[YES|NO]	开启虚拟账号上传权限
anon_mkdir_write_enable=[YES|NO]	开启虚拟账号建立目录权限
anon_other_write_enable=[YES|NO]	开启虚拟账号删除权限
local_root=目录	虚拟用户对应的 ftp 根目录路径，如果没有这项则默认指向映射的本地用户目录

图 8.4.7 列出了虚拟用户 vftp1 的配置文件配置。

（11）在/etc/vsftpd/vuser_dir/vftp2 中添加对虚拟用户 vftp2 的配置，操作如图 8.4.8 所示。

（12）配置完成后重启 vsftp 服务。

```
systemctl restart vsftpd
```

```
write_enable=yes
anon_world_readable_only=no
anon_upload_enable=yes
anon_mkdir_write_enable=yes
anon_other_write_enable=yes
local_root=/opt/ftp/vftp1
```

图 8.4.7

```
write_enable=yes
anon_world_readable_only=no
anon_upload_enable=no
anon_mkdir_write_enable=yes
anon_other_write_enable=yes
local_root=/opt/ftp/vftp2
```

> 本例要求vftp2用户无上传权限，所以将上传参数改为"no"

图 8.4.8

（13）在/opt 目录下新建一个 upload4.txt 文件。将/opt/upload4.txt 上传到 vsftp 服务器，测试虚拟用户 vftp1 的上传权限，操作如图 8.4.9 所示。

```
[root@localhost opt]# ftp 192.168.107.95
Connected to 192.168.107.95 (192.168.107.95).
220 (vsFTPd 3.0.3)
Name (192.168.107.95:root): vftp1
331 Please specify the password.
Password:
230 Login successful.
Remote system type is UNIX.
Using binary mode to transfer files.
ftp> put upload4.txt
local: upload4.txt remote: upload4.txt
227 Entering Passive Mode (192,168,107,95,114,64).
150 Ok to send data.
226 Transfer complete.
ftp> dir
227 Entering Passive Mode (192,168,107,95,164,10
150 Here comes the directory listing.
-rw-r--r--    1 0        0               0 Aug 03 06:58 test1
-rw-------    1 1002     1002            0 Aug 03 10:43 upload4.txt
226 Directory send OK.
```

> 上传upload4.txt 文件成功

图 8.4.9

（14）使用 vftp1 用户登录，下载文件 test1 到/opt 目录下，操作如图 8.4.10 所示。

```
ftp> get test1
local: test1 remote: test1
227 Entering Passive Mode (192,168,107
150 Opening BINARY mode data connectio
226 Transfer complete.
ftp> exit
221 Goodbye.
[root@localhost opt]# ls
test1  upload3.txt  upload4.txt
```

> 下载test1文件成功

图 8.4.10

（15）在/opt 目录下新建一个 upload5.txt 文件，将/opt/upload4.txt 上传到 vsftp 服务器，测试虚拟用户 vftp2 的上传权限，操作如图 8.4.11 所示。

（16）使用 vftp2 用户登录，下载文件 test2 到/opt 目录下，操作如图 8.4.12 所示。

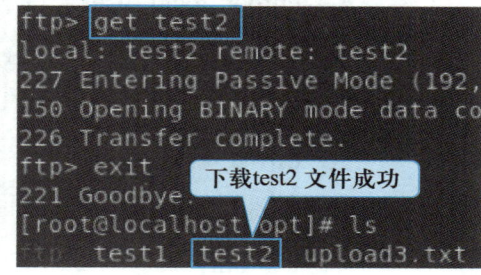

图 8.4.11

图 8.4.12

项 目 测 试

1. 选择题

（1）在 vsftpd 中，可以防止用户访问他们没有权限的文件或目录的是（　　）。

    A．chroot_local_user

    B．anonymous_enable

    C．local_umask

    D．anon_umask

（2）如果想让用户通过 FTP 上传文件，应该启用（　　）。

    A．write_enable

    B．anonymous_enable

    C．local_umask

    D．anon_upload_enable

（3）在 vsftpd 中，如果想限制用户只能访问他们的主目录，应该启用（　　）。

    A．chroot_local_user

    B．anonymous_enable

    C．local_umask

    D．anon_upload_enable

（4）如果想要在 vsftpd 中禁止匿名访问，应该启用（　　）。

    A．anonymous_enable＝NO

B. anon_upload_enable=NO

C. write_enable=NO

D. chroot_local_user=YES

（5）在 vsftpd 中，如果想让用户能够列出文件夹中的文件和目录，但不能查看或下载它们，应该启用（　　）。

A. dirlist_enable

B. download_enable

C. list_only

D. deny_file

2. 操作题

公司内部有一台 FTP 服务器，主要用于存放公司的内部文件。要求 FTP 服务器允许匿名用户上传和下载文件，匿名用户的根目录设置为/var/ftp。本地用户允许 team1、team2 和 user1 账号登录 FTP 服务器，但不能登录本地系统，并将 team1 和 team2 账号的根目录限制为/web/www/html，不能进入该目录以外的任何目录。本地用户 user1 账号不做目录限制。根据需求完成如下配置。

① 配置 FTP 服务器。

② 本地用户测试：使用 team1 用户不能转换目录，可以上传和下载，能建立新文件夹。

③ 本地用户测试：使用 user1 用户能转换目录。

④ 匿名用户测试：使用匿名用户能上传和下载文件，建立新文件夹。

项目9 DNS服务器部署

由于 IP 地址不方便记忆，并且不能显示地址组织的名称和性质，人们设计出了域名，再用 DNS 服务将域名解析为 IP 地址，使人们更方便地使用互联网。通过本项目的学习，可以了解 DNS 的概念与查询流程，学会 Bind 服务的安装与配置，学会父子域、辅助区域等配置。

从本项目可以学习到：

- ◆ DNS 服务的概念。
- ◆ 域名系统的架构。
- ◆ DNS 服务的解析过程。
- ◆ Bind 服务的安装与配置。
- ◆ DNS 辅助区域的配置。
- ◆ DNS 父子域的配置。
- ◆ DNS 转发器的配置。

9.1 DNS 服务概述

DNS（domain name service，域名系统）是一个分布式数据库系统，其作用将域名解析成 IP 地址，DNS 标志如图 9.1.1 所示。

图 9.1.1

可以将 DNS 服务视为智能手机上的通讯录。通讯录将姓名与电话号码相匹配，因为记住人名往往比记住一串数字更容易，在搜索电话号码时只需要搜索人名即可找到对应电话号码。DNS 服务通过将域名与 IP 地址相匹配来帮助人们做到这一点，从而极大简化上网方式。

9.1.1 DNS 服务中的域名

域名（domain name）是由一串用点分隔的名称组成的 Internet 上某一台计算机或某一个计算机组的名称，用于在数据传输时对计算机进行定位标识。

顶级域名在 1985 年 1 月创立，当时共有 6 个通用顶级域名。表 9.1.1 列出了一些常用的顶级域名。

表 9.1.1 常见顶级域名

域 名 称	说 明
com	商业机构
edu	教育、学术研究单位
gov	官方政府单位
net	网络服务机构
org	财团法人等非营利机构
mil	军事部门
其他的国家或地区代码	代表其他国家/地区的代码，如 cn 表示中国

除了顶级域名，还有二级域名，就是最靠近顶级域名左侧的字段。

二级域名之后就是三级域名，即最靠近二级域名左侧的字段。从右向左便依次有四级域名、五级域名等。

例如"www.hep.com.cn"，其中"www"前缀表明此域名对应着万维网服务，每一级域名由点分隔，"hep"作为三级域名是"com.cn"的子域名。图9.1.2列出了域名的结构。

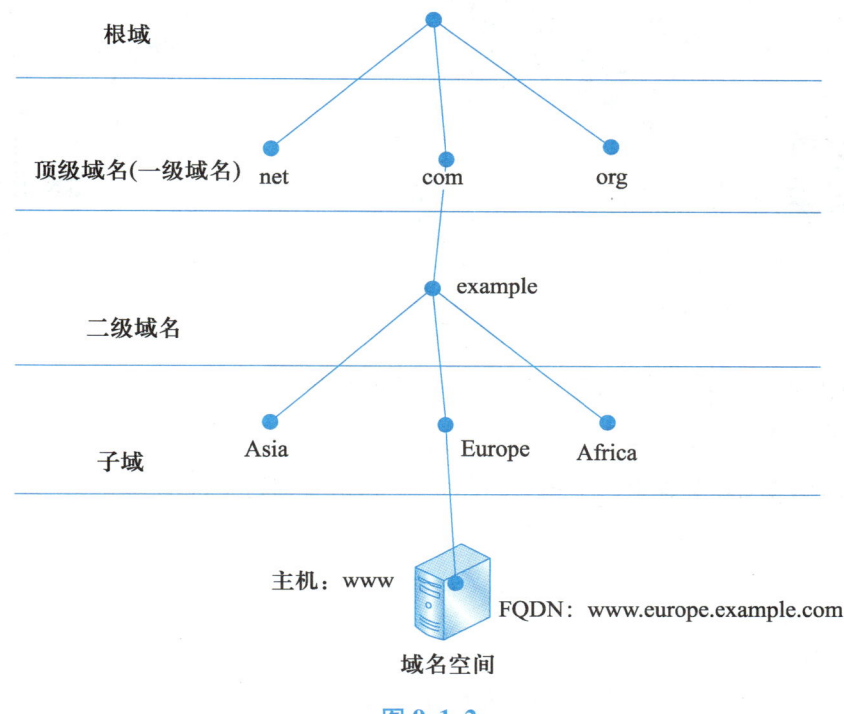

图 9.1.2

9.1.2 DNS 解析过程

域名系统是互联网的一项核心服务，它作为可以将域名和 IP 地址相互映射的一个分布式数据库，是进行域名和与之相对应的 IP 地址转换的系统，搭载域名系统的机器称为域名服务器，域名服务器能够使人们更方便地访问互联网。

域名服务器中保存了一张域名和与之相对应的 IP 地址的表，以解析消息的域名。图 9.1.3 列出了域名解析的过程。

（1）客户机提出域名解析请求，并将该请求发送给本地的域名服务器。

（2）本地的域名服务器收到请求后，先查询本地的缓存，如果有该记录项，则本地的域名服务器就直接把查询的结果返回。

（3）如果本地的缓存中没有该记录，则本地域名服务器把请求发给根域名服务器，根域名服务器返回给本地域名服务器一个所查询域（根的子域）的主域名服务器的地址。

（4）本地服务器向上一步返回的域名服务器发送请求，接收请求的服务器查询自己的缓

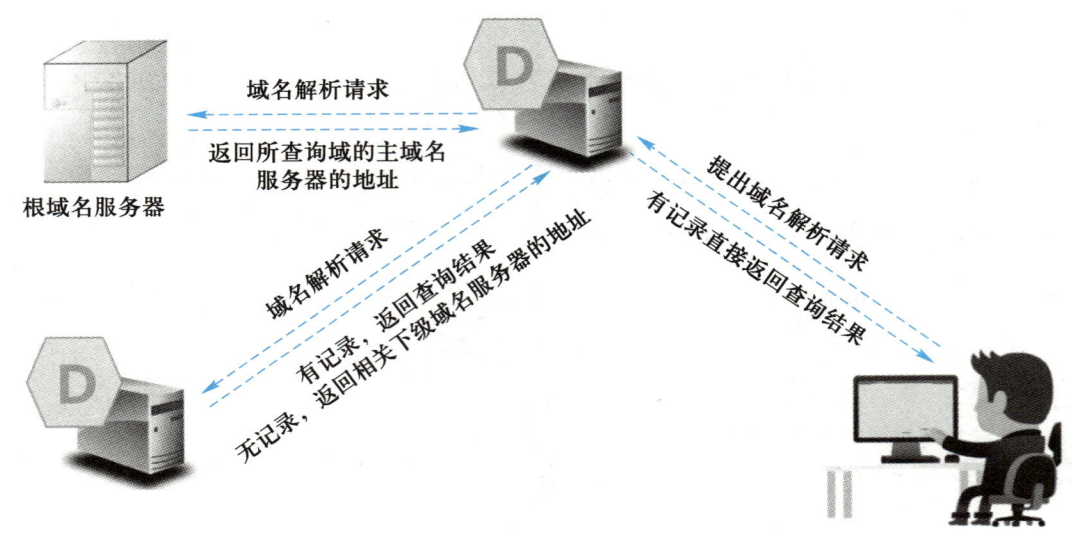

图 9.1.3

存，如果没有该记录，则返回相关的下级域名服务器的地址。

（5）重复步骤（4），直到找到正确的记录。

（6）本地域名服务器将结果返回给客户机，同时把返回的结果保存到缓存，以备下次使用。

9.2 Bind 服务的安装与配置

Bind 是一款开放源码的 DNS 服务器软件，是目前世界上使用最为广泛的 DNS 服务器软件之一，支持各种 UNIX 平台和 Windows 平台。本节将主要介绍 Bind 服务的安装与配置。

9.2.1 DNS 解析

1. 正向解析

DNS 域名解析服务的正向解析是根据域名查找到对应的 IP 地址，这是平时最常用的工作模式。当用户输入了一个域名后 Bind 服务程序会进行自动匹配，然后把查询到对应的 IP 地址返回给用户。

2. 反向查询

反向 DNS 解析是根据查询域名来确定 IP 地址关联的域名的技术。反向 DNS 查询的过程使用 PTR 记录。互联网的反向 DNS 数据库根的顶级域名为.arpa。

反向解析 IPv4 地址时使用一个特殊的域名"in-addr.arpa"。在这个模式下，一个 IPv4 由点号分隔的四个十进制数字串联，并加上一个".in-addr.arpa"域名后缀，通过将 32 位 IPv4 地址拆分为四个八位字节，并将每个八位字节转换为十进制数来获得前四个十进制数。不过需要注意的是，在反向 DNS 解析时，IPv4 书写的顺序是和普通 IPv4 地址相反的。例如，如果要查询 8.8.8.4 这个 IP 地址的 PTR 记录，那么需要查询"4.8.8.8.in-addr.arpa"，结果被指到 example.com 这条记录。如果 example.com 的 A 记录反过来指向 8.8.8.4，那么就可以说转发被认证。

反向解析可以防止垃圾邮件，即验证发送邮件的 IP 地址，是否真的有它所声称的域名，如果反向查询和声称不一致，那么就可以认为有风险。

反向解析是根据一个资源记录查询域名，不一定是 IP 地址。这个资源记录可能是 A 记录，也可能是 CNAME 记录或者 MX 记录，而 PTR 记录用于从 IP 地址反向查域名。

9.2.2 Bind 服务的配置文件说明

表 9.2.1 列出了 Bind 服务相关的目录和配置文件。

表 9.2.1 Bind 服务相关配置文件所在目录

配置文件的名称	存 放 位 置
主配置文件	/etc/named.conf
区域配置文件	/etc/name.rfc1912.zones
区域数据文件路径	/var/named
正向解析模板文件	/var/named/named.localhost
反向解析模板文件	/var/named/named.loopback
根域文件	/var/named/named.ca

Bind 中的所有配置文件区分大小写，在文件中以"#"开始的行为注释行。命令的语法为"配置参数名称 参数值"。图 9.2.1 列出了/etc/named.conf 中部分配置文件内容。

```
options {
    listen-on port 53 { 127.0.0.1; };
    listen-on-v6 port 53 { ::1; };
    directory       "/var/named";
    dump-file       "/var/named/data/cache_dump.db";
    statistics-file "/var/named/data/named_stats.txt";
    memstatistics-file "/var/named/data/named_mem_stats.txt";
```

（配置文件参数）

图 9.2.1

表 9.2.2 列出了/etc/named.conf 主配置文件中一些主要参数的功能。

表 9.2.2 /etc/named.conf 内容参数解析

参　　数	作　　用
options {…}	定义一些 DNS 服务器参数，参数都放在大括号内
directory "/var/named"	区域数据文件存放的路径
dump-file "/var/named/data/cache_dump.db"	服务器缓存数据文件的路径
statistics-file "/var/named/data/named_stats.txt"	服务器统计信息文件的路径
statistics-file "/var/named/data/named_stats.txt"	状态统计文件的位置
memstatistics-file "/var/named/data/named_mem_stats.txt"	内存统计文件的位置
listen-on port 53 { localhost; }	侦听的 DNS 查询请求 IPv4 地址及端口
listen-on-v6 port 53 { ::1; }	侦听的 DNS 查询请求 IPv6 地址及端口
allow-query { localhost; }	定义可使用 DNS 服务器的客户端，"any"表示任何主机
zone "." IN {…}	正向解析"."根区域
type hint	类型为根区域
file "named.ca"	named.ca，记录了 13 台根域服务器的域名和 IP 地址等信息
include "/etc/named.rfc1912.zones"	包含区域配置文件里的所有配置

表 9.2.3 列出了/etc/named.rfc1912.zones 区域配置文件中一些主要参数的功能。

表 9.2.3 /etc/named.rfc1912.zones 内容参数解析

参　　数	作　　用
zone "…" IN	定义一个区域名称
type master;	类型为主域名服务器
file "named.localhost";	区域解析文件存放的路径
allow-update {none;};	是否允许动态更新本区的数据

表 9.2.4 列出了/var/named.localhost 区域数据配置文件中一些主要参数的功能。

表 9.2.4 /var/named.localhost 内容参数解析

参　　数	作　　用
@ IN SOA @ rname.invalid. (…)	SOA 表示授权开始，IN 表示后面的数据使用的是 Internet 标准。而"@"则代表相应的域名。表示一个域名记录定义的开始，rname.invalid 则是管理员的邮件地址
0; serial	前面的数字表示配置文件的修改版本，格式是年月日及当日修改的次数，每次修改这个配置文件

续表

参 数	作 用
1D；refresh	刷新频率，即规定从域名服务器多长时间查询一个主服务器，以保证从服务器的数据是最新的
1H；retry	规定了重试的时间间隔，即当从服务器试图在主服务器上查询更新时，从服务器重新连接的时间间隔
1W；expire	规定从服务器在向主服务器更新失败后多长时间后清除对应的记录
3H）；minimum	规定缓冲服务器与主服务器断开连接后，清除相应的记录的间隔时间
$TTL 604800	生存时间记录字段。它以秒为单位定义该资源记录中的信息存放在高速缓存中的时间长度
$ORIGIN domainname.	说明记录出自何处

SOA（start of authority）是起始授权机构记录，说明在众多 NS 记录里哪一台才是主要的 DNS 服务器。在任何 DNS 记录文件中，都是以 SOA 记录开始的。SOA 资源记录表明此 DNS 名称服务器是该 DNS 域中数据信息的最佳来源。

SOA 记录是所有区域性文件中的强制性记录。它必须是一个文件中的第一个记录。

特殊字符"@"代表 ORIGIN，假设在区域数据文件中添加配置"$ORIGIN mydebian.org."，那下面的配置可以使用"mydebian.org."，同样也可以用"@"来代替"mydebian.org."。

如果在区域数据文件中没有定义"$ORIGIN"的话，那么"@"的值就等于区域文件中的域名（zone）。

Bind 依靠一条条解析记录来保存域名与 IP 地址之间的映射。表 9.2.5 列出了区域数据中解析记录的种类及作用。

表 9.2.5 解析记录的种类和作用

记 录 类 型	作 用
SOA	起始授权记录
A	将主机名转换为地址
CNAME	给定一个主机的别名
MX	建立邮件交换器记录
NS	标识一个域的域名服务器
PTR	将地址变换成主机名

图 9.2.2 列出了在区域数据配置文件中 DNS 记录的配置格式。

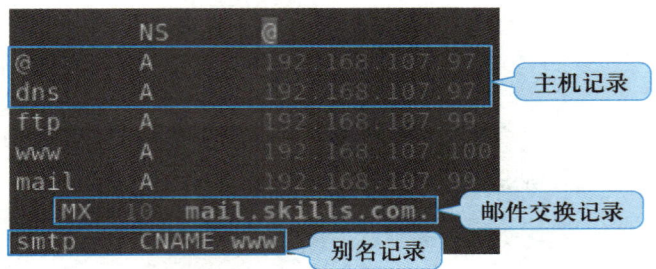

图 9.2.2

9.2.3 安装 Bind 服务

使用 YUM 软件管理器安装 Bind 服务。利用 CentOS 8.3 安装光盘搭建本地 YUM 仓库。下面开始安装 Bind 服务。

（1）查询系统是否已经安装了 Bind 服务。输入命令后没有任何输出表示没有安装。

rpm -qa|grep Bind

（2）安装 Bind 服务。

yum install -y Bind

（3）使用命令"rpm -qa|grep Bind"检查 Bind 安装是否成功，如图 9.2.3 所示。

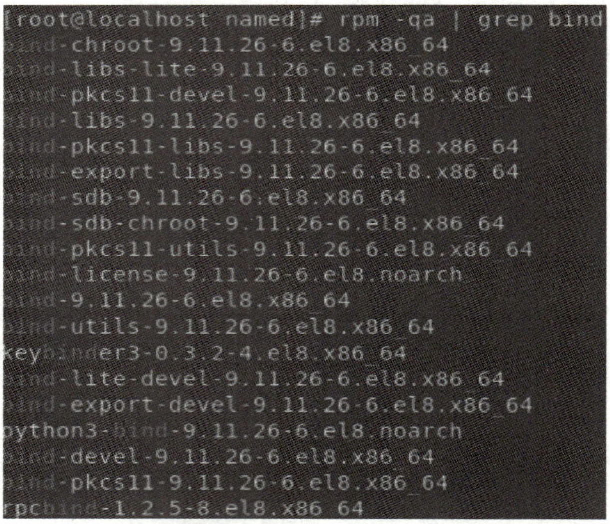

图 9.2.3

（4）启动 Bind 服务。

systemctl start named

（5）设置 Bind 服务为开机自动启动。

systemctl enable named

（6）添加防火墙条目放行 Bind 服务。

firewall-cmd --permanent --add-service=dns

（7）重启防火墙生效步骤（6）添加的条目。

firewall-cmd --reload

（8）使用如下命令临时关闭 Selinux。

setenforce 0

9.2.4 配置简单的 Bind 服务

1. 实例说明

配置 DNS 服务器，域名为 skills.com，为 Web 服务器和 FTP 服务器提供 DNS 正反向解析服务。

开始配置之前需要预先配置 Linux 虚拟机的 IP 地址，安装 Bind 服务和 Apache 服务，在防火墙中放行相应服务并关闭 Selinux。

2. 实验环境

表 9.2.6 列出了实验需要用到的虚拟机。

表 9.2.6 实验虚拟机配置信息

角　色	操 作 系 统	IP 地址
DNS 服务器	CentOS 8.3	192.168.107.97
Web 服务器	CentOS 8.3	192.168.107.95
FTP 服务器	CentOS 8.3	192.168.107.94
访问客户端	CentOS 8.3	192.168.107.96

3. 具体步骤

（1）修改主配置文件/etc/named.conf，如图 9.2.4 所示。

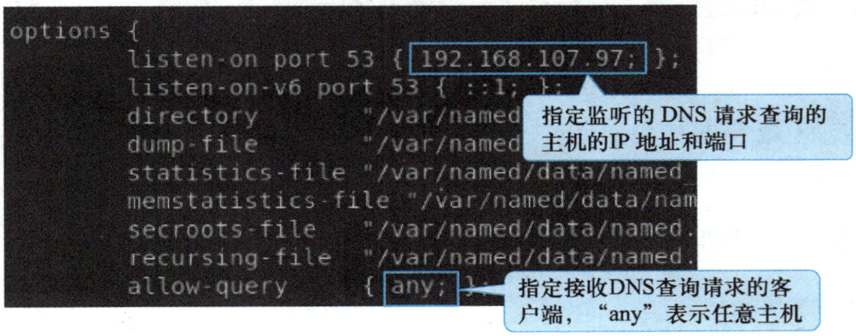

图 9.2.4

(2) 修改区域配置文件/etc/name.rfc1912.zones，添加正向查找区域文件 skills.com.1 和反向查找区域文件 skills.com.2，操作如图 9.2.5 所示。

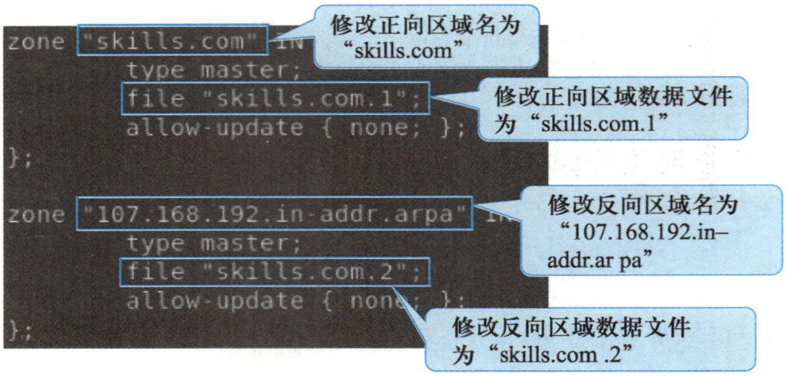

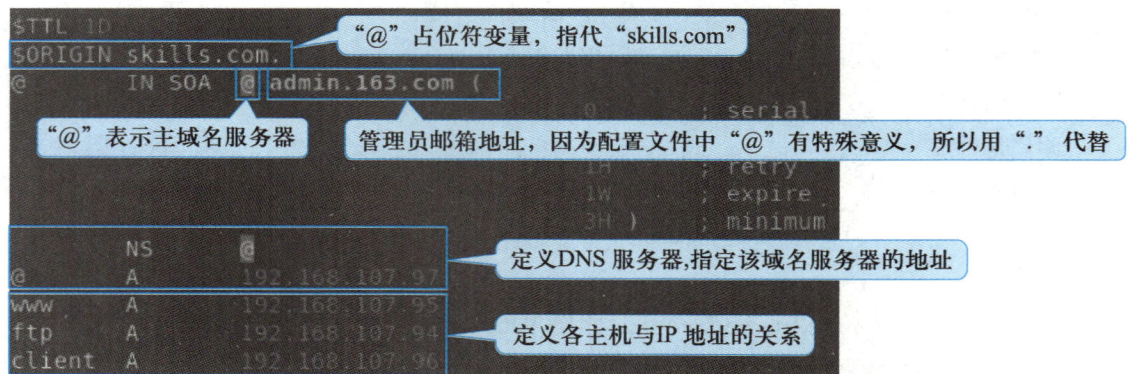

图 9.2.5

(3) 在区域数据文件目录/var/named/下创建正向区域数据文件 skills.com.1 和反向区域数据文件 skills.com.2。通过分别复制正向区域数据模板文件/var/named/named.localhost 和反向区域数据模板文件/var/named/named.loopback 来创建。操作如图 9.2.6 所示。

图 9.2.6

(4) 编辑正向区域数据文件 skills.com.1，修改内容如图 9.2.7 所示。

图 9.2.7

(5) 编辑反向区域数据文件 skills.com.2，部分配置与正向区域数据文件相同。修改内容如图 9.2.8 所示。

(6) 配置完成后使用如下命令重启 Bind 服务。

    systemctl restart named

(7) 使用 nslookup 命令测试 DNS 服务器的正向解析是否正确，操作如图 9.2.9 所示。

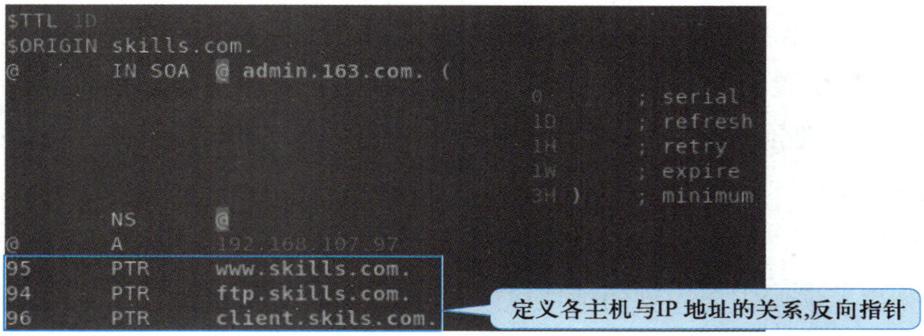

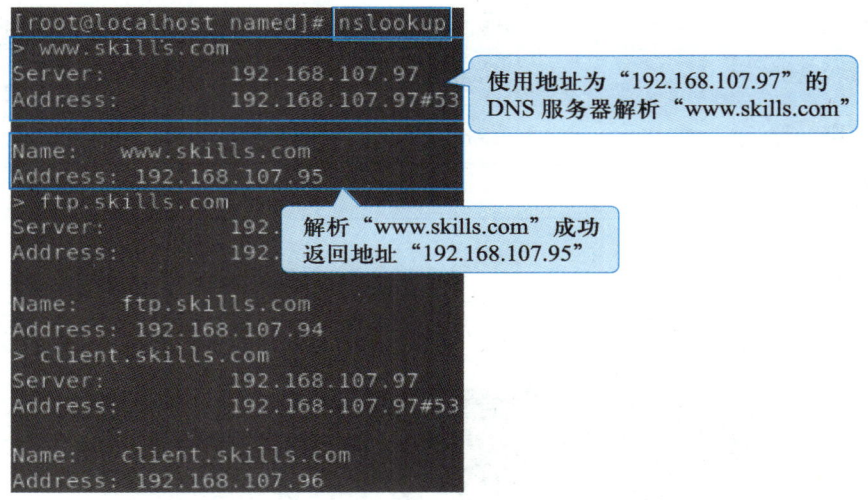

图 9.2.8

图 9.2.9

（8）使用 nslookup 命令测试 DNS 服务的反向解析是否正确，操作如图 9.2.10 所示。

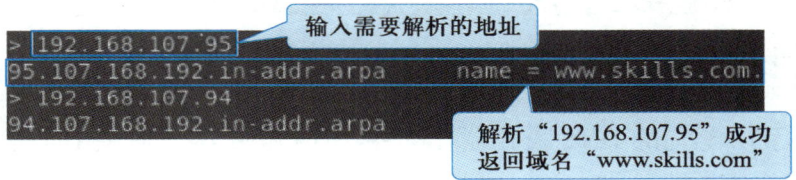

图 9.2.10

9.3 辅助 DNS 服务器

辅助 DNS 服务器是为了减轻主服务器的负载压力，同时在访问本地 DNS 服务器时还能提升查询效率。辅助 DNS 服务器可以从主服务器上抓取指定的区域数据文件，起到备份解析记录与负载均衡的作用。可以将辅助 DNS 服务器看做主 DNS 服务器的备份。本节将主要介绍辅助 DNS 服务器的配置。

1. 实例说明

为 skills.com 域配置辅助 DNS 服务器。

开始配置之前需要预先配置 Linux 虚拟机的 IP 地址，安装 Bind 服务，在防火墙中放行相应服务并关闭 Selinux。

2. 实验环境

表 9.3.1 列出了实验需要用到的虚拟机。

表 9.3.1　实验虚拟机配置信息

角　色	操 作 系 统	IP 地址
主 DNS 服务器	CentOS 8.3	192.168.107.97
辅助 DNS 服务器	CentOS 8.3	192.168.107.98
访问客户端	CentOS 8.3	192.168.107.96

3. 具体步骤

（1）配置辅助区域 DNS 服务器的主配置文件 /etc/named.conf，操作如图 9.3.1 所示。

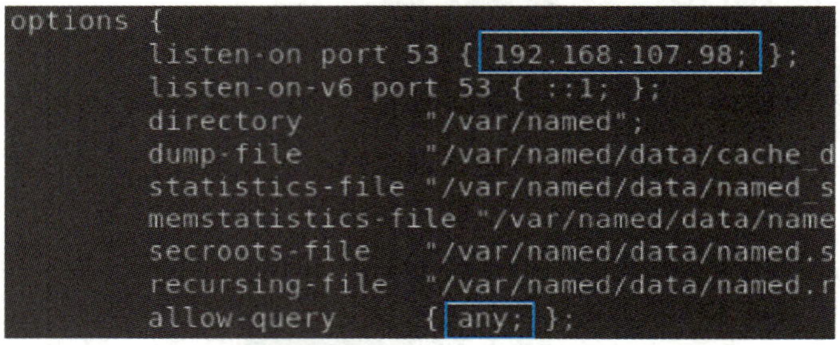

图 9.3.1

（2）将 9.2.5 节所配置的 DNS 服务器作为主 DNS 服务器。在主 DNS 服务器的区域信息文件中允许辅助 DNS 服务器的更新请求。在主 DNS 服务器的区域配置文件 /etc/named.rfc1912.zones 中，修改正反向区域配置，修改内容为"allow-update {辅助 DNS 服务器的 IP 地址;};"，操作如图 9.3.2 所示。

（3）在辅助 DNS 服务器的区域信息文件中添加主 DNS 服务器地址。向辅助 DNS 服务器的区域配置文件"/etc/named.rfc1912.zones"中添加正反向区域配置。修改"masters {主 DNS 服务器的 IP 地址;};"参数，操作如图 9.3.3 所示。

（4）配置完成后分别在主 DNS 服务器和辅助 DNS 服务器上使用如下命令重启 Bind 服务。

```
systemctl restart named
```

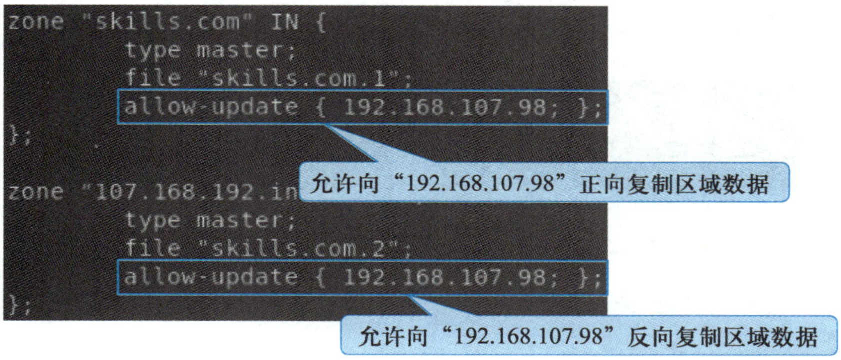

图 9.3.2

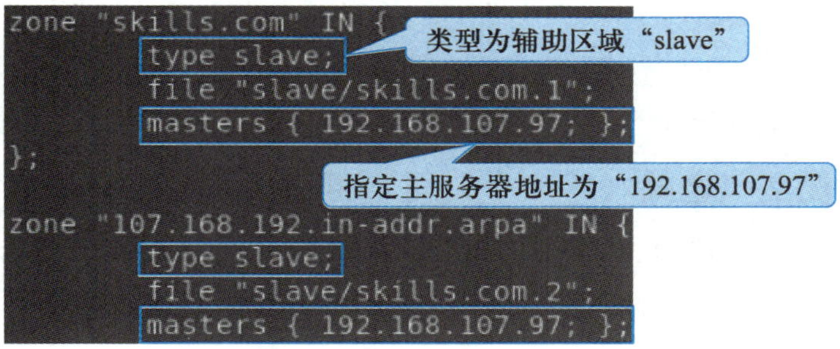

图 9.3.3

当重启了辅助服务器的 Bind 服务后，辅助 DNS 服务器就已经自动从主 DNS 服务器上同步了区域数据文件了，默认会将区域数据文件存放在"/var/named/slaves"中。

（5）将客户端的 DNS 服务器地址修改为辅助服务器的地址"192.168.107.98"。修改 /etc/resolv.conf 的操作如图 9.3.4 所示。

（6）使用 nslookup 命令测试 DNS 服务的正向解析是否正确，操作如图 9.3.5 所示。

图 9.3.4

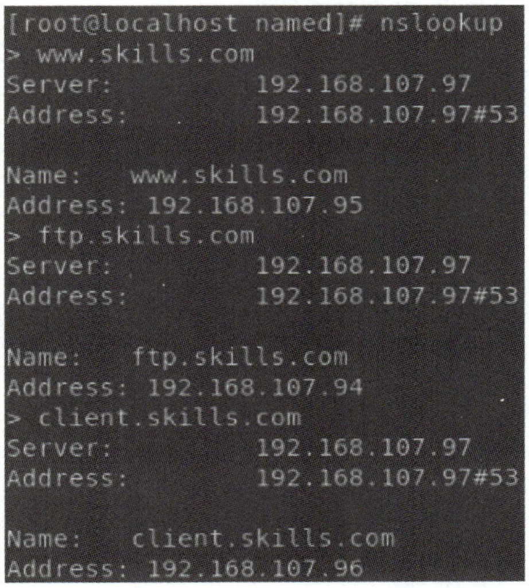

图 9.3.5

（7）使用 nslookup 命令测试 DNS 服务的反向解析是否正确，操作如图 9.3.6 所示。

```
> 192.168.107.95
95.107.168.192.in-addr.arpa     name = www.skills.com.
> 192.168.107.94
94.107.168.192.in-addr.arpa     name = ftp.skills.com.
```

图 9.3.6

9.4 子域 DNS 服务器

当一个域非常庞大并且还拥有上下级关系时，如果将所有的记录都由一台 DNS 服务器来管理，管理会变得混乱。这就好比一个公司不可能由董事长直接管理公司的所有事项，所以在管理公司时会设置部门，部门下面又分组，采用分层管理，来更加科学地管理公司。

在 DNS 服务中也可以实现类似的分层管理。通过建立父域和子域。父域 DNS 可以将管理授权给子域 DNS 服务器来管理记录的变更，这种做法称为子域授权。

本节主要介绍 DNS 父子域服务器的配置。

1. 实例说明

为 skills.com 域配置子域 DNS 服务器。域名为 sub.skills.com。在子域 DNS 服务器上添加一个 www 主机，地址指向 192.168.107.50。

开始配置之前需要预先配置 Linux 虚拟机的 IP 地址，安装 Bind 服务，在防火墙中放行相应服务并关闭 Selinux。

2. 实验环境

表 9.4.1 列出了实验需要用到的虚拟机。

表 9.4.1 实验虚拟机配置信息

角 色	操 作 系 统	IP 地 址
父 DNS 服务器	CentOS 8.3	192.168.107.97
子 DNS 服务器	CentOS 8.3	192.168.107.98
访问客户端	CentOS 8.3	192.168.107.96

3. 具体步骤

（1）修改父域 DNS 服务器的主配置文件 /etc/named.conf，操作如图 9.4.1 所示。

9.4 子域 DNS 服务器

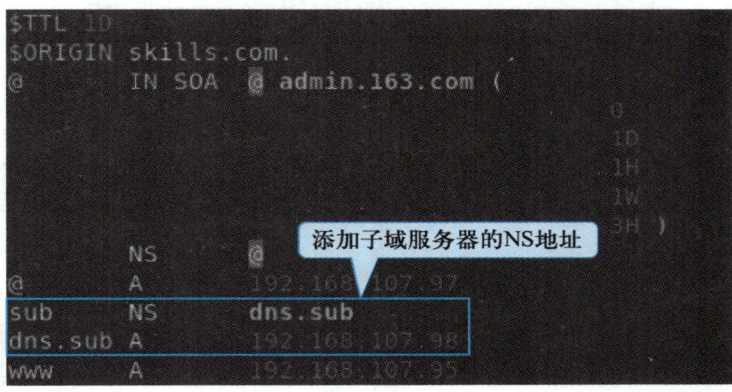

图 9.4.1

父域 DNS 服务器的区域和正向区域数据文件创建与 9.2.5 节相同。

(2) 在父域 DNS 服务器的正向区域数据文件中添加子域 DNS 服务器的 NS 地址。将子域 DNS 服务器的域名配置为 dns.sub.skills.com,操作如图 9.4.2 所示。

图 9.4.2

(3) 配置完成后使用如下命令重启父域 DNS 服务器的 Bind 服务。

```
systemctl restart named
```

(4) 修改子域 DNS 服务器的主配置文件/etc/named.conf,操作如图 9.4.3 所示。

(5) 修改子域 DNS 服务器的区域配置文件/etc/name.rfc1912.zones,添加正向查找区域文件 sub.skills.com.1,操作如图 9.4.4 所示。

(6) 在子域 DNS 服务器的区域数据文件目录/var/named/下创建正向区域数据文件 sub.skills.com.1。通过复制正向区域数据模板文件/var/named/named.localhost 实现。操作如图 9.4.5 所示。

(7) 编辑子域 DNS 服务器的正向区域数据文件 sub.skills.com.1,修改内容如图 9.4.6 所示。

```
options {
        listen-on port 53 { 192.168.107.98; };
        listen-on-v6 port 53 { ::1; };
        directory       "/var/named";
        dump-file       "/var/named/data/cache_du
        statistics-file "/var/named/data/named_st
        memstatistics-file "/var/named/data/named
        secroots-file   "/var/named/data/named.se
        recursing-file  "/var/named/data/named.re
        allow-query     { any; };


        recursion yes;

        dnssec-enable no;           关闭DNS安全功能
        dnssec-validation no;
```

图 9.4.3

```
zone "sub.skills.com" IN {
        type master;
        file "sub.skills.com.1";
        allow-update { none; };
};
```

图 9.4.4

```
[root@localhost named]# cd /var/named
[root@localhost named]# cp -p named.localhost sub.skills.com.1
```

图 9.4.5

```
$TTL 1D
$ORIGIN sub.skills.com.
@       IN SOA  @ subadmin.163.com (
                                        0
                                        1D
                                        1H
                                        1W
                                        3H )
        NS      @
@       A       192.168.107.98
www     A       192.168.107.50
```

图 9.4.6

（8）配置完成后使用如下命令重启子域 DNS 服务器的 Bind 服务。

    systemctl restart named

（9）将客户端的 DNS 服务器地址修改为父域服务器的地址 192.168.107.97。修改/etc/resolv.conf，操作如图 9.4.7 所示。

(10) 使用 nslookup 命令测试子域 DNS 服务的正向解析是否正确，操作如图 9.4.8 所示。

图 9.4.7

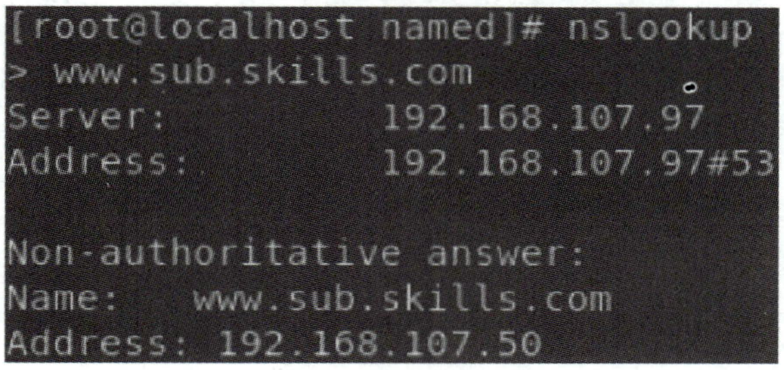

图 9.4.8

9.5 DNS 转发器

当 DNS 服务器接收到 DNS 客户端的查询请求后，它将在所管辖区域的数据库中寻找是否有该客户端的数据。如果该 DNS 服务器的区域中没有客户端请求的数据，该 DNS 服务器需要转向其他的 DNS 服务器进行查询。

DNS 服务器可以解析自己区域文件中的域名，对于本服务器查询不了的域名，默认情况将直接转发查询请求到根域 DNS 服务器，或者在 DNS 服务器上设置转发器将请求转发给其他 DNS 服务器。转发到转发器的查询一般为递归查询。

本节主要介绍 DNS 转发器的配置。

DNS 转发器有以下分类。

（1）全局转发器：无论任何域名，全部向全局转发器指定的地址转发 DNS 请求。

（2）条件转发器：向指定区域转发 DNS 请求。

1. 实例说明

为 skills.com 域配置转发器，使其可以解析 test1.com 和 test2.com 域。

为 test1.com 配置全局转发器，为 test2.com 配置条件转发器。

开始配置之前需要预先配置 Linux 虚拟机的 IP 地址，安装 Bind 服务，在防火墙中放行相应服务并关闭 Selinux。

2. 实验环境

表 9.5.1 列出了实验需要用到的虚拟机。

表 9.5.1　实验虚拟机配置信息

角　　色	操 作 系 统	IP 地址
DNS1 服务器（skills.com）	CentOS 8.3	192.168.107.97
DNS2 服务器（test1.com）	CentOS 8.3	192.168.107.98
DNS3 服务器（test2.com）	CentOS 8.3	192.168.107.99
访问客户端	CentOS 8.3	192.168.107.96

3. 具体步骤

（1）分别配置三台 DNS 服务器的区域，并分别添加三个 www 主机，地址都指向 192.168.107.50，使其可以正常解析 www.skills.com、www.test1.com 和 www.test2.com。

（2）在 skills.com 域的 DNS 服务器上修改/etc/named.conf 主配置文件，添加全局转发器使其能解析 test1.com。添加参数为"forwarders {转发的 DNS 服务器地址;};"，操作如图 9.5.1 所示。

```
options {
        listen-on port 53 { 192.168.107.97;};
        listen-on-v6 port 53 { ::1; };
        forwarders { 192.168.107.98; };
        directory       "/var/named";
        dump-file       "/var/named/data/cache_dump.
        statistics-file "/var/named/data/named_stats
        memstatistics-file "/var/named/data/named_me
        secroots-file   "/var/named/data/named.secro
        recursing-file  "/var/named/data/named.recur
        allow-query     { any; };
```

图 9.5.1

（3）配置完成后使用如下命令重启 Bind 服务。

```
systemctl restart named
```

（4）将客户端的 DNS 服务器地址修改为"192.168.107.97"，修改/etc/resolv.conf，操作如图 9.5.2 所示。

（5）使用 nslookup 命令测试解析 www.test1.com，操作如图 9.5.3 所示。

```
# Generated by NetworkManager
nameserver 192.168.107.97
```

图 9.5.2

```
[root@localhost named]# nslookup
> www.test1.com
Server:         192.168.107.97
Address:        192.168.107.97#53

Non-authoritative answer:
Name:   www.test1.com
Address: 192.168.107.50
```

图 9.5.3

（6）在 skills.com 域的 DNS 服务器上修改/etc/named.rfc1912.zones 区域配置文件，添加条件转发器使其能解析 test2.com，操作如图 9.5.4 所示。

```
zone "test2.com" IN {
    type forward;
    forward only;
    forwarders { 192.168.107.99;};
};
```

添加条件转发器地址

图 9.5.4

（7）使用 nslookup 命令测试解析 www.test2.com，操作如图 9.5.5 所示。

```
[root@localhost named]# nslookup
> www.test2.com
Server:         192.168.107.97
Address:        192.168.107.97#53

Non-authoritative answer:
Name:   www.test2.com
Address: 192.168.107.50
```

图 9.5.5

项 目 测 试

1. 选择题

（1）在 CentOS 上安装 BIND，以下命令正确的是（   ）。

    A. yum install bind

    B. apt-get install bind

    C. dnf install bind

    D. pacman -S bind

（2）下列选项中，描述正确的是（   ）。

    A. Bind 是一个 Linux 发行版

    B. Bind 是一个 Web 服务器

    C. Bind 是一个邮件服务器

    D. Bind 是一个域名系统服务器

（3）在 CentOS 上，以下文件用于配置 Bind 服务器的是（   ）。

A. /etc/httpd/httpd.conf

B. /etc/named.conf

C. /etc/fstab

D. /etc/passwd

(4) 以下命令中，可用于测试 Bind 服务器是否正常工作的是（　　）。

A. ping

B. nslookup

C. traceroute

D. ifconfig

(5) 在 Bind 中，用于将域名映射到 IP 地址的记录类型是（　　）。

A. MX

B. NS

C. CNAME

D. A

(6) 如果要将域名 example.com 解析到 IP 地址 192.168.1.1，以下有关配置 Bind 的描述正确的是（　　）。

A. 在/etc/named.conf 中添加一条记录类型为 A 的记录，名称为 example.com，值为 192.168.1.1

B. 在/etc/named.conf 中添加一条记录类型为 MX 的记录，名称为 example.com，值为 192.168.1.1

C. 在/etc/named.conf 中添加一条记录类型为 CNAME 的记录，名称为 example.com，值为 192.168.1.1

D. 在/etc/named.conf 中添加一条记录类型为 NS 的记录，名称为 example.com，值为 192.168.1.1

(7) 在 Bind 中，以下选项可用于指定另一个 DNS 服务器作为备份服务器的是（　　）。

A. forwarders

B. recursion

C. root

D. zone

(8) 如果要在 Bind 中添加一个新的区域，以下有关配置的描述正确的是（　　）。

A. 在/etc/named.conf 中添加一条记录类型为 NS 的记录，指向新的区域文件

B. 在/etc/named.conf 中添加一条记录类型为 A 的记录，指向新的区域文件

C. 在新的区域文件中添加一条记录类型为 NS 的记录，指向主 DNS 服务器

D. 在新的区域文件中添加一条记录类型为 MX 的记录，指向主 DNS 服务器

2. 操作题

某公司现需搭建一台 DNS 服务器（IP 地址为 192.168.100.254），该 DNS 服务器负责对公司内部各服务器的域名解析，同时保证可以解析外网地址。具体解析信息如下。

域名解析信息

服务器名称	IP 地址	域　名
DNS 服务器	192.168.100.254	dns.hbliti.com
FTP 文件服务器	192.168.100.253	ftp.hbliti.com
WWW 服务器	192.168.100.254	www.hbliti.com
数据库服务器	192.168.100.253	data.hbliti.com
邮件服务器	192.168.100.254	mail.hbliti.com

DNS 服务器的转发器的 IP 地址为 202.103.24.68

请完成 DNS 服务器配置，并采用 Linux 客户端进行正向解析测试和反向解析测试。

项目10 Samba服务器部署

在 Linux 系统中想要实现文件共享，比较简单的方式就是通过 Samba 服务。Samba 可以让 Windows 系统的用户访问 Linux 系统的共享文件。通过本项目的学习，可以了解 Samba 服务的基本原理，学会 Samba 的安装与配置，学会配置 Samba 服务的用户认证。

从本项目可以学习到：

- ◆ Samba 服务的基本原理。
- ◆ Samba 服务的安装与配置。
- ◆ Samba 服务的基本命令。
- ◆ 配置基于用户的 Samba 服务。

10.1 SMB 服务概述

SMB（server message block，信息服务块）是一种在局域网上共享文件和打印机的通信协议，它为局域网内不同操作系统的计算机之间提供文件及打印机等资源的共享服务。

SMB 协议是客户机/服务器型协议，客户机通过该协议可以访问服务器上的共享文件系统、打印机及其他资源。

10.1.1 CIFS 协议概述

随着 Internet 的流行，Microsoft 希望将 SMB 这个协议扩展到 Internet 上，成为 Internet 上计算机之间相互共享数据的一种标准。因此它将原有的 SMB 协议进行整理，重新命名为 CIFS（common internet file system）。

CIFS 协议使程序可以访问远程 Internet 计算机上的文件并要求此计算机提供服务。客户程序请求远程服务器上的服务器程序为它提供服务，服务器获得请求并返回响应。

CIFS 是公共的或开放的 SMB 协议版本，并由 Microsoft 使用。SMB 协议在局域网上用于服务器文件访问和打印的协议。

10.1.2 FTP 服务与 SMB 服务的对比

1. FTP 服务的优缺点

（1）优点：文件传输、应用层协议、可跨平台。
（2）缺点：只能实现文件传输，无法实现文件系统挂载；无法直接修改服务器端文件。

2. SMB 服务的特性

SMB 服务使用 CIFS 协议，可以跨平台，可以实现文件系统挂载、服务器端修改文件。

10.2 Samba 服务的安装与配置

Samba 服务是在 Linux 和 UNIX 系统上实现 SMB 协议的一个免费软件，由服务器及客户端程序构成。

Samba 服务是在网络中实现文件共享的一种方式。

本节将主要介绍 Samba 服务的安装与配置。

10.2.1 Samba 相关进程

1. smbd

进程作用：smbd 进程的作用是处理 SMB 数据包，为使用该数据包的资源与 UNIX 进行协商。

进程端口：smbd 监听 TCP 的 139 号端口。

2. nmbd

进程作用：nmbd 进程使其他主机（或工作站）能浏览 UNIX/Linux 的 Samba 服务器。

进程端口：nmbd 监听 UDP 的 137 号和 138 号端口。

10.2.2 Samba 服务的配置文件说明

表 10.2.1 列出了 Samba 服务相关的目录和配置文件。

表 10.2.1　Samba 服务相关配置文件所在目录

配置文件的名称	存 放 位 置
主配置文件路径	/etc/samba
主配置文件	/etc/samba/smb.conf

Samba 中的所有配置文件区分大小写，在文件中以"#"开始的行为注释行。命令的语法为"配置参数名称=参数值"。图 10.2.1 所示为部分配置文件内容。

图 10.2.1

表 10.2.2 列出了/etc/samba/smb.conf 主配置文件中[global]全局配置的一些主要参数的功能。

表 10.2.2　/etc/samba/smb.conf 内容参数解析

参　　数	作　　用
workgroup = name	工作组名称
netbios name = name	主机名称
serverstring = samba server	说明性文字
log file = /var/log/log.%m	日志文件的存储文件名,%m 代表的是客户端 Internet 主机名，即 hostname

续表

参　　数	作　　用
max log size = 100	日志文件最大的大小为 100 Kb
security = share	表示不需要密码，可设置的值为 share、user 和 server
passdb backend = tdbsam	Samba 用户认证方式，可设置值为 smbpasswd、tdbsam 和 ldapsam
load printer = no	不加载打印机

Samba 服务有三种访问模式，可以通过[global]全局配置中的"security"参数进行配置。

（1）share：用户访问 Samba 不需要提供用户名和密码，安全性低。

（2）user：本地用户验证 Samba 服务器默认的安全级别，用户在访问共享资源之前必须提供用户名和密码进行验证。

（3）domain：域安全级别认证，使用域控制器完成验证。

Samba 服务中的用户认证方式有三种，可以通过[global]全局配置中的"passdb backend"参数进行配置。

（1）smbpasswd：使用 SMB 服务的 smbpasswd 命令为系统用户设置密码；客户端使用此密码来访问 Samba 的资源，smbpasswd 文件默认保存在/etc/samba 目录下，如果不存在，需要手动创建。

（2）tdbsam：使用数据库建立用户权限，默认保存在/etc/samba/passdb.tdb 文件中，使用命令 smbpasswd -a 建立 Samba 账户，也可以使用 pdbedit 建立 Samba 账户。

① 新建用户：pdbedit username。

② 删除用户：pdbedit -x username。

（3）ldapsam：基于 LDAP 服务进行账户验证。

表 10.2.3 列出了/etc/samba/smb.conf 主配置文件中[share]共享资源的一些主要参数的功能。

表 10.2.3　共享资源内容参数解析

参　　数	作　　用
[share]	共享资源名称
comment = smb warehouse	共享资源名称注释
path = /tmp	实际的共享目录
writable = yes	设置为可写入
browseable = yes	可以被所有用户浏览
guest ok = yes	可以让用户随意登录
valid users =用户名	设置访问用户

续表

参　　数	作　　用
valid users = @ 组名	设置访问组
readonly = yes	只读
readonly = no	读写
hosts deny = 192.168.0.0	表示禁止所有来自 192.168.0.0/24 网段的 IP 地址访问
hosts allow = 192.168.0.24	表示允许 192.168.0.24 这个 IP 地址访问
public = yes	允许匿名访问

10.2.3　安装 Samba 服务

使用 YUM 软件管理器安装 Samba 服务。首先利用 CentOS 8.3 安装光盘搭建本地 YUM 仓库。下面开始安装 Samba 服务。

(1) 查询系统是否已经安装了 Samba 服务。输入命令后没有任何输出表示没有安装。

```
rpm -qa|grep samba
```

(2) 安装 Samba 服务。

```
yum install -y samba
```

(3) 使用命令"rpm -qa|grep samba"检查 Samba 安装是否成功，如图 10.2.2 所示。

```
samba-winbind-modules-4.14.5-2.el8.x86_64
samba-vfs-iouring-4.14.5-2.el8.x86_64
samba-common-4.14.5-2.el8.noarch
samba-winbind-krb5-locator-4.14.5-2.el8.x86_64
samba-client-libs-4.14.5-2.el8.x86_64
samba-libs-4.14.5-2.el8.x86_64
samba-client-4.14.5-2.el8.x86_64
python3-samba-4.14.5-2.el8.x86_64
samba-pidl-4.14.5-2.el8.noarch
samba-winexe-4.14.5-2.el8.x86_64
samba-common-libs-4.14.5-2.el8.x86_64
samba-common-tools-4.14.5-2.el8.x86_64
samba-test-libs-4.14.5-2.el8.x86_64
samba-krb5-printing-4.14.5-2.el8.x86_64
samba-4.14.5-2.el8.x86_64
samba-winbind-clients-4.14.5-2.el8.x86_64
samba-winbind-4.14.5-2.el8.x86_64
samba-test-4.14.5-2.el8.x86_64
```

图 10.2.2

(4) 启动 Samba 服务。

```
systemctl start smb
```

（5）设置 Samba 服务为开机自动启动。

systemctl enable smb

（6）添加防火墙条目放行 Samba 服务。

firewall-cmd --add-port=139/tcp --permanent
firewall-cmd --add-port=445/tcp --permanent
firewall-cmd --add-port=137/tcp --permanent
firewall-cmd --add-port=138/tcp --permanent

（7）重启防火墙生效步骤（6）添加的条目。

firewall-cmd --reload

（8）使用如下命令临时关闭 Selinux。

setenforce 0

10.2.4 配置简单的 Samba 服务

1. 实例说明

创建匿名 Samba 共享资源，资源名为 public，所有用户都可以对共享资源进行读写。

开始配置之前需要预先配置 Linux 虚拟机的 IP 地址，安装 Samba 服务，在防火墙中放行相应服务并关闭 Selinux。

2. 实验环境

表 10.2.4 列出了实验需要用到的虚拟机。

表 10.2.4 实验虚拟机配置信息

角 色	操 作 系 统	IP 地址
Samba 服务器	CentOS 8.3	192.168.107.165
访问客户端	CentOS 8.3	192.168.107.166

3. 具体步骤

（1）在 Samba 服务器的/opt 目录下创建 abc 目录，配置目录权限并在目录下创建 testfile 作为测试文件，将这个目录作为 Samba 服务匿名共享目录。操作如图 10.2.3 所示。

图 10.2.3

（2）编辑 Samba 服务主配置文件/etc/samba/smb.conf，在 [global] 全局配置中添加开启匿名参数，操作如图 10.2.4 所示。

（3）编辑 Samba 服务主配置文件/etc/samba/smb.conf，添加一个名为［public］的匿名共享资源，操作如图 10.2.5 所示。

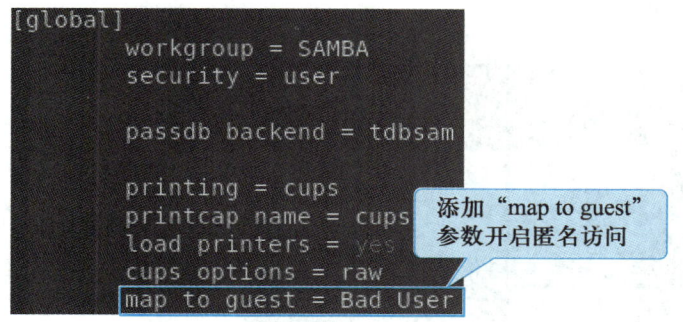

图 10.2.4

图 10.2.5

表 10.2.5 列出了［public］的匿名共享资源配置的含义。

表 10.2.5　共享资源内容参数解析

参　　数	作　　用
［public］	共享资源名称
comment = …	对资源文件的说明
path = /opt/abc	指定资源的物理路径
public = yes	开启共享
browseable = yes	开启目录访问
writeable = yes	允许目录写入功能

（4）配置完成后使用如下命令重启 Samba 服务。

　　systemctl restart smb

（5）在客户机上安装使用下面的命令安装 Samba 服务的登录客户端。

　　yum install samba-client

（6）在客户机上使用 smbclient 命令登录 Samba 服务器，操作如图 10.2.6 所示。

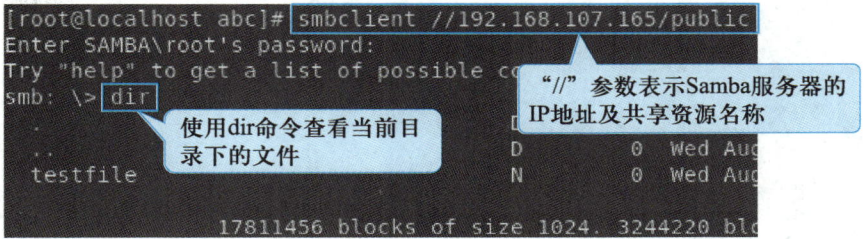

图 10.2.6

匿名用户登录不需要密码,在提示要密码时直接按 Enter 键即可跳过。

(7) 在客户机的/opt 目录下创建文件 upload.txt 文件。将文件上传到 Samba 服务器中,操作如图 10.2.7 所示。

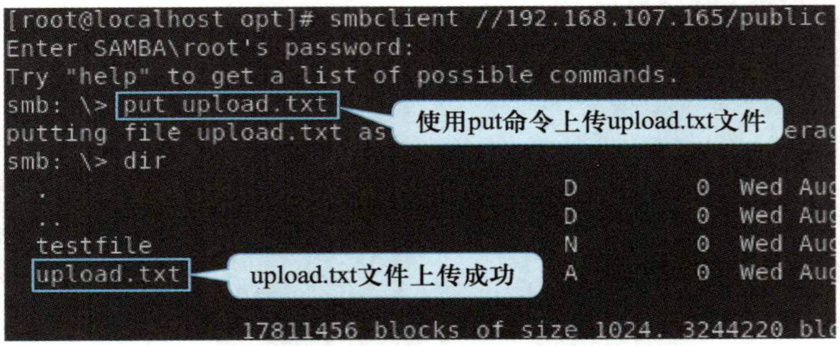

图 10.2.7

(8) 将 Samba 服务器上的 "testfile" 文件下载到客户机的 "/opt" 目录下,操作如图 10.2.8 所示。

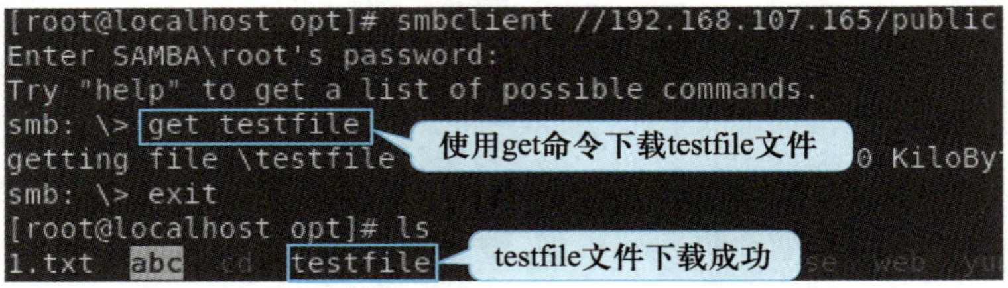

图 10.2.8

10.3 Samba 共享服务身份验证

本节主要介绍 Samba 共享服务身份验证的配置。

10.3.1 配置 Samba 共享服务身份验证

1. 实例说明

某公司需要创建一个公共存储空间,名称为 share,要求如下。

(1) 存储路径为/opt/abc。

(2) 公司员工都能对存储空间的文件进行读写。

(3) 公司员工在存储空间中新建的文件权限为 644,新建的目录权限为 755。

（4）创建 smbclient 公司员工账户进行测试访问。

2. 实验环境

表 10.3.1 列出了实验需要用到的虚拟机。

表 10.3.1 实验虚拟机配置信息

角 色	操 作 系 统	IP 地址
Samba 服务器	CentOS 8.3	192.168.107.165
访问客户端	CentOS 8.3	192.168.107.166

3. 具体步骤

（1）在 Samba 服务器的/opt 目录下创建 abc 目录，配置目录权限并在目录下创建 testfile 作为测试文件。将这个目录作为 Samba 服务匿名共享目录，操作如图 10.3.1 所示。

（2）编辑 Samba 服务主配置文件/etc/samba/smb.conf，添加一个名为[share]的共享资源，操作如图 10.3.2 所示。

```
cd /opt
mkdir /opt/abc
chmod 777 /opt/abc
touch /opt/abc/testfile
```

图 10.3.1

```
[share]
    comment = share file space
    path = /opt/abc
    public = yes
    browseable = yes
    writeable = yes
    create mask = 644
    directory mask = 0755
```

图 10.3.2

表 10.3.2 列出了[share]的匿名共享资源配置的含义。

表 10.3.2 [share]匿名共享资源配置

参 数	作 用
[share]	共享资源名称
comment = …	对资源文件的说明
path = /opt/abc	指定资源的物理路径
public = yes	开启共享
browseable = yes	开启目录访问
writeable = yes	允许目录写入功能
create mask = 0644	smb 用户新建文件权限为 644
directory mask = 0755	smb 用户新建子目录权限为 755

（3）创建 Samba 用户 smbclient，密码和用户名相同，操作如图 10.3.3 所示。

（4）配置完成后使用如下命令重启 Samba 服务。

```
systemctl restart smb
```

项目10　Samba 服务器部署

图 10.3.3

（5）在客户端上使用下面的命令安装 Samba 服务的登录客户端。

```
yum install samba-client
```

（6）在客户端上使用 smbclient 命令登录 Samba 服务器，操作如图 10.3.4 所示。

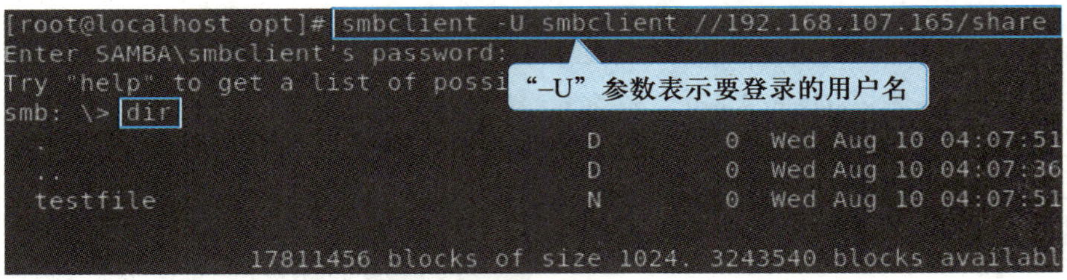

图 10.3.4

（7）在客户端的 /opt 目录下创建文件 upload.txt 文件，将文件上传到 Samba 服务器中，操作如图 10.3.5 所示。

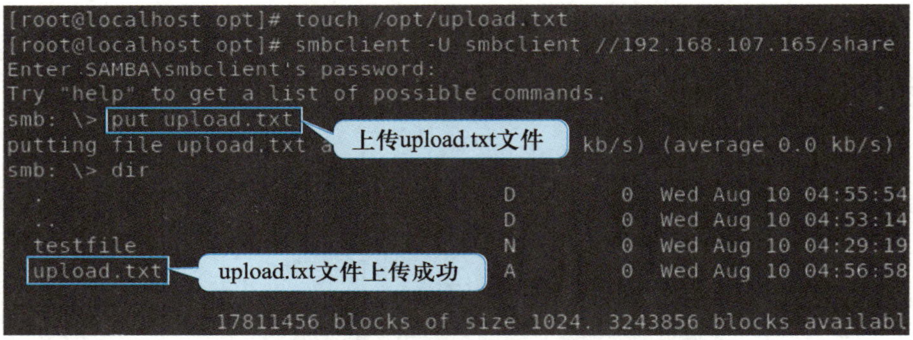

图 10.3.5

（8）将 Samba 服务器上的 testfile 文件下载到客户端的 /opt 目录下，操作如图 10.3.6 所示。

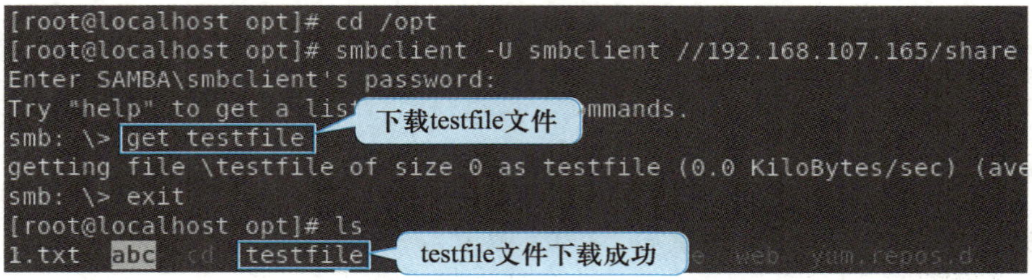

图 10.3.6

10.3.2　配置 Samba 服务实例

1. 实例说明

配置一台 Samba 服务器，要求如下。

（1）用户身份模式为 user，采用 tdbsam 验证机制。

（2）创建三个账号作为 Samba 登录账户：user1、user2、user3，密码和用户名相同。

（3）建立 Samba 共享目录/opt/sharesmb，共享名为 smbdir。

（4）要求 user1、user2 和 user3 用户都具有上传权限。

（5）user1 用户能下载和删除所有用户的文件，user2 和 user3 用户能下载所有用户文件但不能删除其他用户文件。

2. 实验环境

表 10.3.3 列出了实验需要用到的虚拟机。

表 10.3.3　实验虚拟机配置信息

角　色	操　作　系　统	IP 地址
Samba 服务器	CentOS 8.3	192.168.107.165
访问客户端	CentOS 8.3	192.168.107.166

3. 具体步骤

（1）在/opt 目录下创建 sharesmb 目录，并配置权限，操作如图 10.3.7 所示。

实例说明中要求 user2 和 user3 用户不能删除其他用户创建的文件，这就涉及了父目录的写权限问题，但是在配置时不能直接关闭父目录的写权限，这会导致无法向父目录上传文件。

图 10.3.7

解决的方法是在创建父目录时为父目录设置 t 标识位，这样用户就不能删除父目录下不属于自己的文件，图 10.3.7 中的"-m"参数就是用来设置 t 标记位的。

（2）通过下面的命令，修改 sharesmb 目录的所有者为 user1 用户，开通 user1 用户能上传和删除的权限。

```
chwon user1:user1 /opt/sharesmb
```

（3）创建 user1、user2、user3 用户，使用"smbpasswd -a"命令将所有用户都转换为 Samba 用户，操作如图 10.3.8 所示。

（4）编辑 Samba 服务主配置文件/etc/samba/smb.conf，添加一个名为[smbdir]的共享资源，操作如图 10.3.9 所示。

```
[root@localhost home]# useradd user1
[root@localhost home]# useradd user2
[root@localhost home]# useradd user3
[root@localhost home]# smbpasswd -a user1
New SMB password:
Retype new SMB password:
Added user user1.
[root@localhost home]# smbpasswd -a user2
New SMB password:
Retype new SMB password:
Added user user2.
[root@localhost home]# smbpasswd -a user3
New SMB password:
```

```
[smbdir]
        comment = sharesmbdir
        path = /opt/sharesmb
        browseable = yes
        writeable = yes
        valid users = user1,user2,user3
        create mask = 1774
        directory mask = 1777
        force directory mode = 1000
```

图 10.3.8　　　　　　　　　　　　　　　图 10.3.9

表 10.3.4 列出了[smbdir]共享资源配置的含义。

表 10.3.4　[smbdir]共享资源配置

参　数	作　用
[smbdir]	共享资源名称
comment = …	对资源文件的说明
path = /opt/abc	指定资源的物理路径
browseable = yes	开启目录访问
writeable = yes	允许目录写入功能
create mask = 1774	配置新建或者上传的文件没有写权限
directory mask = 1777	配置新建或者上传的目录具有所有的权限
valid users = user1,user2,user3	允许 user1、user2 和 user3 用户访问该共享资源
force directory mode = 1000	为父目录设置标识位

（5）配置完成后使用如下命令重启 Samba 服务。

　systemctl restart smb

（6）在客户端的/opt 目录下新建文件 upload1.txt 文件并使用 smbclient 命令登录 Samba 服务器，测试 user1 用户上传权限，操作如图 10.3.10 所示。

```
[root@localhost opt]# touch upload1.txt
[root@localhost opt]# smbclient -U user1 //192.168.107.165/smbdir
Enter SAMBA\user1's password:
Try "help" to get a list of possible commands.
smb: \> put upload1.txt
putting file upload1.txt as \upload1.txt (0.0 kb/s) (average 0.0
smb: \> dir
  .                            D        0  Wed Aug 10 07:2
  ..                           D        0  Wed Aug 10 07:2
  upload1.txt                           0  Wed Aug 10 07:2
              user1 用户上传upload1.txt 文件成功
              17811456 blocks of size 1024. 3245072 blocks avai
```

图 10.3.10

（7）在客户端的/opt 目录下新建文件 upload2.txt 文件并使用 smbclient 命令登录 Samba 服务器，测试 user2 用户上传权限，操作如图 10.3.11 所示。

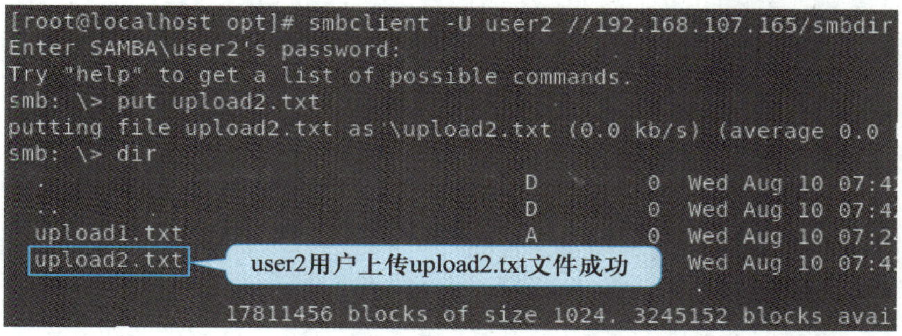

图 10.3.11

（8）在客户端的/opt 目录下新建文件 upload3.txt 文件并使用 smbclient 命令登录 Samba 服务器，测试 user3 用户上传权限，操作如图 10.3.12 所示。

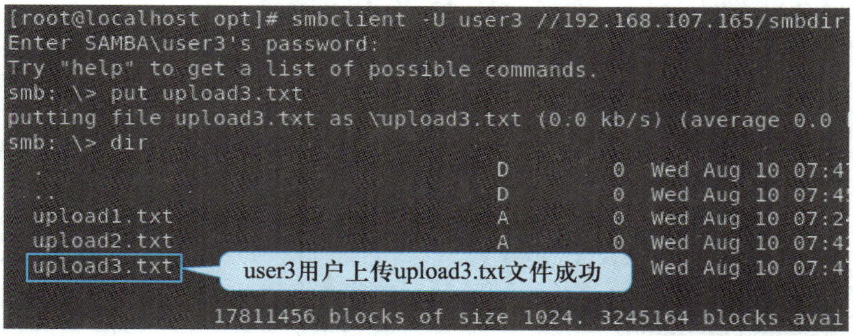

图 10.3.12

（9）在客户端使用 smbclient 命令登录 Samba 服务器，测试 user1 用户下载权限。将步骤（6）上传的 upload1.txt 文件下载到客户端的/mnt 目录下，操作如图 10.3.13 所示。

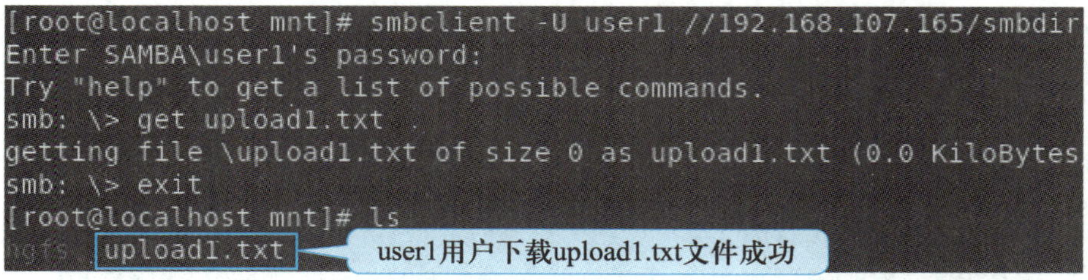

图 10.3.13

（10）在客户端使用 smbclient 命令登录 Samba 服务器，测试 user2 用户下载权限。将步骤（7）上传的 upload2.txt 文件下载到客户端的/mnt 目录下，操作如图 10.3.14 所示。

（11）在客户端使用 smbclient 命令登录 Samba 服务器，测试 user3 用户下载权限。将步骤（8）上传的 upload3.txt 文件下载到客户端的/mnt 目录下，操作如图 10.3.15 所示。

[图 10.3.14 截图：user2 用户下载 upload2.txt 文件成功]

图 10.3.14

[图 10.3.15 截图：user3 用户下载 upload3.txt 文件成功]

图 10.3.15

（12）在客户端使用 smbclient 命令登录 Samba 服务器，测试 user2 用户的删除权限。删除上面实验中上传的文件验证效果，操作如图 10.3.16 所示。

[图 10.3.16 截图：使用 del 命令分别删除 3 个已经上传的文件；user2 用户可以删除自己上传的文件，但不能删除 user1 和 user3 用户上传的文件，user2 用户权限正确]

图 10.3.16

（13）在客户端使用 smbclient 命令登录 Samba 服务器，测试 user3 用户的删除权限。删除上面实验中上传的文件验证效果，操作如图 10.3.17 所示。

[图 10.3.17 截图：user3 用户可以删除自己上传的文件，但不能删除 user1 和 user2 用户上传的文件，user3 用户权限正确]

图 10.3.17

（14）在客户端使用 smbclient 命令登录 Samba 服务器，测试 user1 用户的删除权限。删除上面实验中上传的文件验证效果。操作如图 10.3.18 所示。

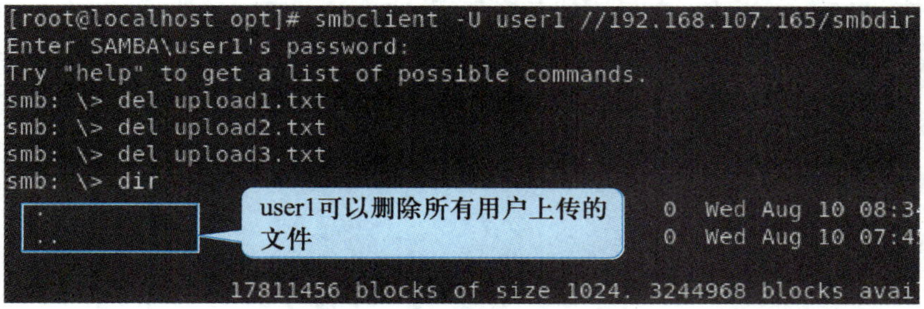

图 10.3.18

项 目 测 试

1. 选择题

（1）在 Samba 中，参数（   ）用于指定 Samba 服务器的工作组。

    A. workgroup

    B. domain

    C. netbios name

    D. security

（2）在 Samba 中，参数（   ）用于指定文件和文件夹的访问权限。

    A. force group

    B. create mask

    C. valid users

    D. write list

（3）Samba 客户端可以通过命令（   ）挂载共享。

    A. mount

    B. ssh

    C. scp

    D. sftp

（4）在 Samba 中，参数（   ）用于指定允许的最大传输速率。

    A. max protocol

    B. read size

C. socket options

　　D. use sendfile

（5）在 Samba 中，参数（　　）用于指定允许的最大连接数。

　　A. max connections

　　B. max log size

　　C. max open files

　　D. max xmit

（6）在 Samba 中，参数（　　）用于指定 Samba 服务器的 IP 地址。

　　A. bind interfaces only

　　B. interfaces

　　C. local master

　　D. remote announce

2. 操作题

某竞赛组委会需要搭建一台 Samba 服务器，具体要求如下。

（1）Samba 服务器中有 6 个用户，分别是竞赛秘书：jnjsms，企业网项目负责人：jnqyw，园区网项目负责人：jnyqw，A 省代表队联系人：jnjs，B 省代表队联系人：jnsh，C 省代表队联系人：jnzj。

（2）所有用户的统一登录目录是 linuxjn，下设：竞赛组委会、新闻发布、公共文档、参赛代表队、上传可写等 7 个目录。

（3）其中竞赛组委会目录下设 3 个子目录，分别是竞赛秘书处、企业网项目和园区网项目，对应的目录提供给竞赛秘书 jnjsms、企业网项目负责人 jnqyw 和园区网项目负责人 jnyqw 私人所有，其他用户不得查看和修改。

（4）新闻发布目录供竞赛秘书和项目负责人向参赛代表队联系人发布自己职权范围内的新闻和通知，供参赛单位查看。

（5）公共文档目录供竞赛秘书和项目负责人向参赛单位提供政策性文件、指导纲要、竞赛大纲、评分细则、竞赛政策解读等文件，仅供参赛单位下载。

（6）参赛单位目录下设三个子目录，分别是 A 省代表队、B 省代表队、C 省代表队，目录提供给相应联系人私人所有，其他用户不得查看。

（7）上传可写目录供各代表队联系人向竞赛组委会提交参赛选手资料，各代表队负责本队选手资料的维护，不得删除友队的选手资料，竞赛组委会秘书和项目负责人可复制选手的资料。

郑重声明

高等教育出版社依法对本书享有专有出版权。任何未经许可的复制、销售行为均违反《中华人民共和国著作权法》，其行为人将承担相应的民事责任和行政责任；构成犯罪的，将被依法追究刑事责任。为了维护市场秩序，保护读者的合法权益，避免读者误用盗版书造成不良后果，我社将配合行政执法部门和司法机关对违法犯罪的单位和个人进行严厉打击。社会各界人士如发现上述侵权行为，希望及时举报，我社将奖励举报有功人员。

反盗版举报电话 （010）58581999　58582371
反盗版举报邮箱 dd@hep.com.cn
通信地址 北京市西城区德外大街4号　高等教育出版社法律事务部
邮政编码 100120

读者意见反馈

为收集对教材的意见建议，进一步完善教材编写并做好服务工作，读者可将对本教材的意见建议通过如下渠道反馈至我社。

咨询电话 400-810-0598
反馈邮箱 zz_dzyj@pub.hep.cn
通信地址 北京市朝阳区惠新东街4号富盛大厦1座　高等教育出版社总编辑办公室
邮政编码 100029

防伪查询说明

用户购书后刮开封底防伪涂层，使用手机微信等软件扫描二维码，会跳转至防伪查询网页，获得所购图书详细信息。

防伪客服电话 （010）58582300

学习卡账号使用说明

一、注册/登录

访问 http://abook.hep.com.cn，点击"注册"，在注册页面输入用户名、密码及常用的邮箱进行注册。已注册的用户直接输入用户名和密码登录即可进入"我的课程"页面。

二、课程绑定

点击"我的课程"页面右上方"绑定课程"，在"明码"框中正确输入教材封底防伪标签上的20位数字，点击"确定"完成课程绑定。

三、访问课程

在"正在学习"列表中选择已绑定的课程，点击"进入课程"即可浏览或下载与本书配套的课程资源。刚绑定的课程请在"申请学习"列表中选择相应课程并点击"进入课程"。

如有账号问题，请发邮件至：4a_admin_zz@pub.hep.cn。